数码艺术设计系列

Maya 动画制作案例教程

王　威　潘明歌　李和畅　编著

電子工業出版社

Publishing House of Electronics Industry

北京·BEIJING

内 容 简 介

本书采用案例化的形式，循序渐进地对三维软件 Maya 进行了详细的介绍，同时也剖析了 Maya 使用者在实践过程中遇到及关心的问题。全书知识点涉猎面较广，除对 Maya 动画制作流程进行了详尽的介绍外，还对 Polygon 建模、摄像机聚焦、灯光、材质及渲染器 Mental Ray 等内容进行了深入的阐述。

本书区别于市面上一般 Maya 书籍的最大特点是：在介绍 Maya 强大功能的时候，融入了大量实例，使读者有兴趣接受枯燥的理论，并在学习中不断获得完成作品的成就感；强调作品的艺术性和观赏性，在教材中融入了很多美学、摄影学方面的知识，这一点对于没有受过美术教育的计算机爱好者的艺术修养的提高也有较好的帮助。

本书可作为高等学校、高等职业院校、成人高等院校、继续教育学院、民办高校的游戏、动漫、多媒体、艺术设计、图形图像等专业的教材及培训用书，也可作为 3D 爱好者及从事电影特技、影视广告、游戏制作人员的参考书。

图书在版编目（CIP）数据

Maya 动画制作案例教程 / 王威，潘明歌，李和畅编著.—北京：电子工业出版社，2009.1
（数码艺术设计系列）

ISBN 978-7-121-07768-5

I. M… Ⅱ. ①王… ②潘… ③李… Ⅲ.三维—动画—图形软件，Maya—教材 Ⅳ.TP391.41

中国版本图书馆 CIP 数据核字（2008）第 177461 号

责任编辑：贾晓峰
印　　刷：北京市天竺颖华印刷厂
装　　订：三河市鑫金马印装有限公司
出版发行：电子工业出版社
　　　　　北京市海淀区万寿路 173 信箱　邮编　100036
开　　本：787×1 092　1/16　印张：20.25　字数：518 千字
印　　次：2009 年 1 月第 1 次印刷
印　　数：4 000 册　　定价：29.00 元

凡所购买电子工业出版社图书有缺损问题，请向购买书店调换。若书店售缺，请与本社发行部联系，联系及邮购电话：（010）88254888。

质量投诉请发邮件至 zlts@phei.com.cn，盗版侵权举报请发邮件至 dbqq@phei.com.cn。

服务热线：（010）88258888。

前　言

从事高校动画教学工作以来，遇到过很多让人触目惊心的事情：有的学生从上学第一天起，就抱着毕业以后要继承父母的生意，进大学只是拿一个文凭的念头；有的学生通过了 4 年的学习，不但对动画完全没有兴趣，而且已经完全彻底地厌烦了这个行业；有的学生毕业设计做不出来，居然从网上直接下载一个动画片当作毕业设计交上来。

一切一切让我们一遍又一遍地反思，是我们的教学方法有问题，还是现在的社会真的已经变得很浮躁？

现在的学生都有极强的独立思考的能力，甚至逃课都会有绝对正当的理由。以前我带 Maya 或者后期课的时候，有学生曾经跟我说：我不想来上课了，我毕业以后也不打算做三维动画，老师看着给个分数吧！

后来有一次上 Maya 课的时候，由于对这个年级的学风非常不满，疯狂地布置作业，并要求当天布置的作业第二天一上课就直接交上来，在大屏幕上全班公示。作业量都很大，曾经要求他们 3 天完成一部三维动画短片。一次做不完，扣这门课总分的 5～10 分，扣到 40 分的时候这个学生就可以不用来上这门课了。

结果效果出奇的好，虽然几乎所有的学生每天夜里都要熬到凌晨三四点钟，有的甚至连续通宵不睡觉，但绝大多数人每次都能按时交上。仅仅 3 个星期，他们已经可以独立制作完整的三维动画了，虽然大部分作品表现出来的效果很差，但都有角色、动作、场景等动画需要的一切元素。

上完课，有学生兴奋地跟我说：我觉得我们班毕业设计都会做三维动画了。我问为什么？她说：很简单啊，现在才知道三维动画这么简单。

于是我们发现，如果希望学生对某方面感兴趣，最好的办法就是让他们完全深入地学习，使他们在这个方面做出成果，有成就感，这样，对以前不感兴趣的课程也会变得有兴趣。

另外，软件教学和理论教学的方法应该加以区分，理论方面需要思考，因此留给学生查阅资料的时间较多；而软件部分则需要动手，需要让学生做大量的练习，达到熟能生巧的地步。

对于高校从事软件教学的教师而言，绝大部分老师因缺乏必要的公司实战经验，在讲解 Maya 时理论偏多而实践较少，经常看到将 Maya 中纷乱复杂的命令一个一个进行讲解的情形。而这样的讲解方式往往令学生昏昏欲睡，因为内容过于枯燥，和实际的应用联系不起来。

比较好的讲解方法，应该是使用大量的实例，让学生明白命令在实际操作中所起到的作用，这样会提升学生学习的兴趣，并能让他们自觉地记住命令的使用。另外，还可以在课后布置大量的作业，强迫他们进行大量的练习，这样的教学效果就会好很多。

这也就需要教师不断参与大量的社会实践工作，承接较多的相关制作业务，在实际操作中提高对软件的应用程度。例如在笔者所处的单位，就专门成立了郑州轻工业学院动画创作第一工作室，承接过大量省、市和国家级的项目制作，很大程度上提高了教师的综合实战能力，而这些制作过的项目，也被大量地用在教学中。

于是，在本书的编写过程中，对 Maya 的每一个环节都使用了大量的实例进行讲解，这些实例都是我们在教学和对外业务中使用过的，效果很好，很适合 Maya 初学者的学习。在理论的讲解中，由于 Maya 中命令极为庞大，因此我们也抛弃了大部分在实战中应用不到或应用较少的命令，只对那些极其常用的命令进行集中讲解，这样可以使学生的精力集中在这些比较重要的命令上，利于学生快速掌握 Maya 的操作流程。

在本书的编写过程中，得到了郑州轻工业学院艺术设计学院各位领导和同事的鼓励、帮助，另外，罗静、洪枫、屈佳佳、范辉、王翔、林栋、邓杰、王莹、范志雄、黄云显、俞真、陶乔松、陈爽、李亢亢、宋帅、李文建、邵欣欣、杨萍萍等也给予了大力支持和帮助，在此表示深深的感谢。

本书教学课件、图片、实例源文件和贴图可到华信教育资源网（www.huaxin.edu.cn 或 www.hxedu.com.cn）上注册后下载，其中源文件需要用 Maya 2008 以上版本打开。

广大读者如有疑问，可登录：http://www.dongman7.com/bbs（郑州轻工业学院动画系网站论坛），与我们进行交流。

编　者

2008 年 10 月 29 日晨 7 点 50 分于郑州家中

目　录

第1章 奇异的三维世界

1.1 关于CG

想象力和人类的历史一样古老。

从人类诞生的那一刻起，人类对这个世界的想象就从未停止。

在人类的历史中，从远古时代的绘画起，到 19 世纪摄影技术的发明，一直到现在的计算机图形图像技术，都使人类想象力的表现方法变得越来越多样化。

计算机图形图像是一项新兴的技术种类，全称为 "Computer Graphics"，简称 CG，它的普及是近些年才开始的。

随着现在计算机技术的飞速发展，CG 已经具有了虚拟现实、超越现实的独特表现力，其技术正越来越广泛地被应用于制造业、信息产业、广告业和影视娱乐业等传统及新兴产业领域之中，全球一百部最卖座的电影中有 7 部是计算机图像影片。种种迹象表明，CG 是一个前途无限、充满希望的新兴行业。

实际上个人计算机的出现，很大程度上降低了计算机进入普通家庭的门槛。紧接着的 DOS 系统向图形界面的 Windows 操作系统的转变，使很多普通家庭的人开始并学会使用了计算机。而一些简单的图形软件，例如 Adobe 公司的 Photoshop 的普及，也使得很多人越来越钟情于使用计算机来进行艺术创作。

随着计算机图形图像技术的不断进步，这个领域也逐渐变成了数字艺术，它的分类很广，可以是漫画、动画，也可以是游戏、软件界面，还可以是平面设计、工业设计、建筑和室内设计、服装设计等。

但这项技术真正改变世界的，则是它动画、电影方面的表现。随着《星球大战》、《侏罗纪公园》、《魔戒》、《黑客帝国》、《纳尼亚传奇》等魔幻巨作的出现，人类的想象力被开发到一个全新的高度，越来越多的人为之疯狂，如图 1-1 所示。

图 1-1

对于动画行业而言，随着计算机图形图像技术的飞速发展，制作流程由原来的手工作业逐渐转变为现在的无纸化作业。尤其是三维技术的出现，使动画拥有了一种新的表现手法。

三维技术使动画的表现效果有了质的飞跃，极为逼真的人物和场景，使画面的可信度越来越高，2005 年上映的《最终幻想之圣子降临》就是其中的代表作，它是一部全部由计算机制作的全三维动画，其中极度真实的人物和场景，让人惊叹，如图 1-2 所示。

图 1-2

三维和二维动画只有一字之差，但它们究竟区别在哪里？

说得浅显一点，二维只能进行上下、左右两个维度的运动，即 X、Y 轴方向上的运动。而三维在这个基础上，还可以进行前后维度的运动，即 Z 轴。

三维使动画的空间感更为真实可信，同时也使动画制作人员从动辄成千上万张画中解脱出来，它的出现颠覆性地改变了动画的制作流程，也使得越来越多的人走入了动画制作这个行业。

1.2 三维动画的制作流程

1.2.1 动画前期设定

无论是三维动画、二维动画还是摆拍动画，前期的流程都是一样的：先创建剧本，再根据剧本制作文字分镜或画面分镜，以及角色设计、场景设计、道具设计等，如图 1-3 所示。

图 1-3

剧本： 即整部动画的故事情节，如果是一般的动画创作，需要有故事梗概、发展主线、故事情节等。故事梗概要求用最少的文字将故事讲述出来；发展主线是将故事发展的一些转折点标注出来；故事情节则是完整的讲述。下面则是一个简单的动画剧本：

一个 14 岁的小男孩,与进城打工的父亲一起,在城里面的生活

主线:

进城→入校被拒→在家帮父亲分担家务→进民工子弟学校→上春晚

心情变化主线:

新奇、害怕→被人歧视→从无所事事到渴望读书→坚强、自立、刻苦→骄傲

故事情节:

14 岁那年,我随打工的父亲,第一次来到这个陌生而又繁华的城市。第一次看到汽车,第一次看到高楼大厦,第一次看到红绿灯。一切都是那么的新奇,我忽然发现我的眼睛不够用了。

父亲在外面打工,他告诉我要上进,要上学,这样才能出人头地,才不会被人看不起。在一天的清晨,我被屋外的吵闹声惊醒,出去一看,是父亲在向一个衣冠楚楚的胖老板请假,胖老板不断地摆手,转身要走,父亲追上去,不断地低头哈腰,终于,那个胖老板点头了……以下略。

文字分镜: 使用文字描述的方式,将动画分镜头写出来。这种方式一般用于工期比较紧的动画制作,由于没有时间去绘制分镜,因此就用文字的方式来表达。要求语言准确,一般不要带有任何修饰性词汇,例如"天气好得让人心旷神怡",这样的表达就让制作人员无从下手,正确的应该是"蓝色的天空中飘着几朵白云,风把几片树叶轻轻吹了起来",这样制作人员就知道如何绘制了,如表 1-1 所示则是郑州轻工业学院动画系 04 级学生屈佳佳的一个简单动画文字分镜。

表 1-1　一个简单的动画文字分镜

序　号	镜　头	描　述	对白/声音
01	中景转特写	空荡的房子,一个女孩蜷缩在角落,瑟瑟发抖,镜头上移至女孩背后的相框,照片上父母渐变成黑白色,字幕出:奢侈的幸福	争吵声,摔门声,瞬间变寂静
02	远景转中景	画面淡出,两栋楼的剪影,女孩站在楼中间的路上,过路的情侣和伙伴从其身边走过	嘈杂声,路人说笑声,背景音乐起
03	特写	手机屏幕,显示电话本为空	
04	远景	女孩渐渐由彩色变成黑白	
05	中景	女孩站在咖啡店门口,躲雨,男孩站在旁边	雨声
06	特写	雨水从女孩发梢滑落,随之眼泪也划过脸颊滴落	
07	特写	一滴眼泪滴落,眼泪由少渐多	有节奏的泪水滴落声
以下略			

画面分镜: 使用绘画的方式将每一个动画镜头绘制出来,一般的动画对画面要求不高,能够表达清楚拍摄角度、摄像机的运动、人物的前后顺序、场景与人物的关系就基本可以了,如果有时间还可以绘制出光线的变化和表情变化等,下面的分镜是由郑州轻工业学院动画系 04 级学生王翔,为他自己的动画短片《just a story》所绘制的,如图 1-4 所示。

角色设计：包括前期的性格、行为设定，然后根据角色特性开始绘制，要求有正面、侧面、背面的三视图，甚至还有 1/2 侧、俯视图等，如果是多个角色的话，还需要绘制一张总表，将所有角色都放进去，使身高差异显示清楚，下面是郑州轻工业学院动画系 03 级学生范辉为动画短片《口香糖》设计的角色，如图 1-5 所示。

图 1-4

图 1-5

场景设计：根据剧情需要，根据情节绘制不同的场景，如果是一般的动画创作，一张分图层的场景即可，但如果是较为复杂的场景，还需要绘制出场景的不同角度，下面的两张场景是郑州轻工业学院动画系 04 级学生届佳佳，为她的动画短片《奢侈的幸福》所绘制的，如图 1-6 所示。

图 1-6

由于现在已经是计算机时代，因此以上的所有流程都能通过计算机来完成，除了剧本和文字分镜使用的是 Word 等文字处理软件以外，其余部分都需要通过 CG 来完成。目前经常用到的软件有 Adobe 公司的 Photoshop、Illustrator，Corel 公司的 Coreldraw、Painter 等软件。

1.2.2　三维动画制作

在三维动画的制作过程中，一般的流程都是建模、材质、骨骼绑定、动画、灯光、渲染、后期合成，如图 1-7 所示。

建模　材质　骨骼　动画　灯光　渲染　后期

图 1-7

这些步骤中，除了最后的后期合成要用到视频编辑软件以外，其他部分都需要在三维软件中完成。

在动画公司招聘的时候，一般小公司由于资金不是很足，不能够招大量的员工，因此就对应聘人员的综合素质要求很高，即以上各项最好都有了解，能够独立制作动画短片。而大公司的人员较多，且分工较细，有建模组、材质组、灯光组、渲染组等，因此对应聘人员的单项素质要求较高，精通以上任意一项即可。

建模：根据前期的人物设定和场景设定，在三维软件中制作出相应的模型。这个工种对人体结构、肌肉分布等要求很高，最好有一定的雕塑基础。另外，建模并不仅仅是把模型制作出来就行，它还有很多细节的要求，例如有的要求模型的面数在 2 000 个以内，这样的模型称之为简模，但绝对不是很粗糙的模型，而是用最少的线做出高模的效果来，如图 1-8 所示模型的面数有 2 200 个左右。

图 1-8

既然有简模，就肯定会有高模，这样的高精度模型对细节要求极为严格，包括脸上的皱纹甚至皮肤的纹理，下面这个模型的面数高达 15 万多个，如图 1-9 所示。

材质：为制作好的模型绘制皮肤、服饰的贴图，以及设定场景、道具和各物体的质感效果，要求对色彩和质感较为敏感，有较强的美术功底，可以直接绘制贴图，如图 1-10 所示。

图 1-9

图 1-10

骨骼： 为角色的模型装配骨骼系统，其中包括 IK、FK，以及控制器、驱动关键帧等，这是一个需要逻辑思维能力比较强的人才干得来的活，大量的层级关系、约束被约束、IK 和 FK 的转换等，都是有比较强的逻辑关系在里面的，如图 1-11 所示。

图 1-11

动画： 调整角色的骨骼，使角色根据剧情的需要，做出不同的动作和表情，要求对角色的运动规律有较深地了解，使动作真实可信，而且能够在原基础上进行夸张甚至变形，如图 1-12 所示是郑州轻工业学院动画系 03 级学生赵玉竹的角色动画作品。

图 1-12

灯光： 根据环境气氛，调节出适当的光影效果，要求对摄影技术有一定的了解，而且要对光影的变化很敏感，如图 1-13 所示。

图 1-13

渲染： 使用默认或外部的渲染器，对场景进行渲染，输出成序列图片，要求懂一定的计算机编程。

后期合成： 使用视频特效或合成软件，将镜头合成，并进行一些特效制作和较色工作，最后输出成完整的动画短片。

1.3 关于 Maya

Maya 是原来的 Alias 公司在 Power animator 基础上开发的新一代 3D 动画软件，最后起名为 Maya，这个词来自于梵语，是"迷失的世界"的意思。2005 年，Autodesk 公司以 1.82 亿美元收购了 Alias 公司，Maya 也成为了 Autodesk 公司的旗下软件，如图 1-14 所示是 Maya 的界面。

图 1-14

Maya 的定位是影视动画，特别是高端的电影制作。在大家熟悉的《黑客帝国三部曲》、《指环王三部曲》、《哈里波特》、《精灵鼠小弟》、《最终幻想 7：圣童降临》、《蜘蛛侠》中，Maya 都发挥出了重要的作用，如图 1-15 所示。

图 1-15

例如在影片《精灵鼠小弟》中，不但要表现一只活灵活现的小白鼠，还要使这只小白鼠很好地融在实拍的影片之中，这对于光线地把握和处理是非常严格的，而 Maya 对这方面地处理相当出色。另外一个重大技术难点就是小白鼠身上一根一根的鼠毛，这里边也大量应用到了 Maya 的毛发技术，使每一根毛发都与周围的景色相互和谐。这一项技术也被应用在《怪物公司》大毛怪的制作中去了，如图 1-16 所示。

图 1-16

另外，全世界的一些三维艺术家也使用 Maya 做出了很多让人惊叹的作品，如图 1-17 所示。

图 1-17

1.4 学习三维动画软件的方法

1.4.1 学习的过程

在高校动画专业的教学中，三维动画课是一门让学生又爱又头痛的课程，爱是因为它能创作出无与伦比的画面效果；头痛则是因为那庞大的操作命令和复杂的制作流程。

的确，如果将某一个三维软件完全学习下来难度很大，目前国内都很少有人能够达到这种程度。各大动画公司所需要的也都是专才，即在整个三维动画的某一个环节很精通的人。因此，在学习中可以有针对性地学习，在建模、材质、骨骼绑定、动画、灯光、渲染、后期合成这些环节中着重学习一项，并熟练掌握即可。

这里面的任何一个环节所需要掌握的命令都不多，甚至可以在几天之内就完全掌握，但这仅仅只是技术层面，例如动画这个环节，所需掌握的无非是关键帧和曲线编辑器，但如果希望能够调出很流畅的动画效果，就需要在运动规律上下苦工夫，如图 1-18 所示。

图 1-18

因此，对于学习三维软件而言，只要确定了学习哪一个软件，最好先把它整个的制作流程过一遍，然后再有针对性地学习某一环节。

至于选择哪一款三维软件来学习，目前国内使用最普遍的就是 Maya 和 3D Max 这两款，后者被广泛地应用在国内的建筑行业，如果是环艺专业的学生，那 3D Max 自然是不二的选择。

但如果是动画专业的学生，以后又希望从事动画、游戏甚至影视特效方面的工作，最好还是选择 Maya，因为国内几乎所有动画公司使用的都是这款软件，另外很多游戏公司和影视特效公司，绝大多数使用的也是 Maya。

在学习的过程中，遇到问题可以查看软件的 Help（帮助）文件，也可以登录一些人气较好的专业论坛进行询问。另外，相互间的交流也是必要的，将自己的作品发布在网络上，会有专业的人士帮你指出不足，这对学习也是有好处的。由于现在很多专业网站的氛围变得很浮躁，有时候遇到问题也不一定会有人及时帮助解答，这往往会使初学者的学习热情受到打击。因此，如果是学生，也可以登录 www.dongman7.com 论坛，这也是很多学习动画的学生常去的论坛，同时也有专业老师，可以对问题及时做出解答，如图 1-19 所示是该论坛的首页。

在学习了一段时间以后，最好能够参与一些实际运作的项目，由此来提高自己的实战能力。如果找不到，也可以和一些志同道合的朋友一起，合作完成一部动画片，这对于自己的提高也是很有帮助的。

图 1-19

1.4.2　制作实验动画

很多学习了三维动画的学生总是梦想能做出《最终幻想》一样真实的效果，但那不仅需要对软件知识的深入理解，还需要多人配合，并且配备高性能设备才有可能完成。

很多学生盲目地追求这种效果，但往往做出来的画面惨不忍睹，不但真实性没有达到，甚至连美观这一最基础的要求都达不到。

因此，在这里还是推荐初学者制作一些风格比较独特的动画，一来制作难度相对小了很多，二来在风格化的基础上能够使片子的档次提高，从而可以参加一些比赛。

接下来我们来看一些郑州轻工业学院动画系学生的作品，这些三维动画作品都曾在国内外获得过奖项：

《求索》是 03 级学生陈爽和李亢亢完成的，他们先在纸上用铅笔画出人物和场景，然后在三维软件 Maya 中，先按照设计的大概形状做出模型，再将图片贴在模型表面，使用透明贴图去除不需要的模型部分，从而制作完成。这部动画风格独特，用三维的形式表现出纸质动画的感觉，曾在比赛中多次获奖，如图 1-20 所示。

图 1-20

《原始人的智慧》是 03 级学生宋帅完成的，由于只有一个角色和一个场景，因此制作起来相对容易一些。全片以巧妙的情节构思和流畅的动作取胜，在国内多个权威动画比赛中获奖，如图 1-21 所示。

图 1-21

《The Mask》（面具）是 02 级学生林栋、陶乔松、邓杰、范志雄 4 人的作品，它以极其灰暗的色调，描述了一名职场人士，每天带着不同的面具出门，最终丢失了自己的故事。影片以深刻的内涵和巧妙的情节安排取胜，如图 1-22 所示。

图 1-22

《鸡·虫》是 02 级学生俞真、林栋、陶乔松、邓杰、范志雄 5 人的合作作品，该片采用的是 Maya 的二维卡通渲染技术，使画面既有三维的空间感，又有二维色块感，再加上妙趣横生的故事情节，使该片也在大赛中屡屡获奖，如图 1-23 所示。

下面的这个 CS 枪战游戏的三维动画是 02 级李文建的作品，该片描述了反恐部队解救人质的过程，其中激烈的枪战场面尤其使人震撼，如图 1-24 所示。

图 1-23

图 1-24

以上的几部风格各异的三维动画短片，都是学生独立制作的实验性短片，希望各位读者在学习完本书后，也能完成属于自己的三维动画作品。

本 章 小 结

这一章系统地学习了三维动画软件的历史和特点，可能这些介绍依然不足以满足大家的需要，课后可以登录一些专业网站，看看高手们的作品，开阔一下自己的眼界。

思 考 题

希望大家能够对三维动画了解的同时，也思考一下自己未来希望从事的职业和工种，明确了学习目标后才有更多的动力。

第 2 章　揭开 Maya 的神秘面纱

Maya 是一套极其庞大而又复杂的软件，它的命令多达成千上万，许多初学者就是看到了它复杂的界面，从而望而却步的，如图 2-1 所示。

图 2-1

实际上 Maya 中的很多命令你有可能一辈子都用不到，只要掌握住相对数量的常用命令，对付平时的工作和创作，就应该是绰绰有余了。况且又由于工种不同，例如建模组只需要掌握几十个命令就可以完成一个漂亮的模型，所以这一点是完全不用担心的。

2.1　Maya 的界面

Maya 主界面的组成如图 2-2 所示。

图 2-2

Maya 菜单分为通用菜单和模块菜单两大类，在模块改变后，模块菜单也会发生相应的改变，如图 2-3、图 2-4 所示。

图 2-3　　　　　　　　　　　　　　　　　图 2-4

状态栏位于主界面的上方，主要用于显示与工作区操作相关的图标、按钮或者其他项目，也用于在物体的各个选择元素之间进行切换。

模块菜单： Maya 中主要包括 7 个默认的工作模块，这 7 个模块分别对应着 Maya 中不同的工作内容。在模块选择器中选择不同的模块，Maya 的菜单也会发生相应的改变。这 7 个工作模块分别是：动画（Animation）、多边形建模（Polygon）、曲面建模（Surfaces）、动力学（Dynamics）、渲染（Rendering）、布料（nCloth）和自定义（Customize）。

文件操作按钮： 包括新建文件、打开文件和保存文件三个命令。

选择模式： 分别为选择层级、选择物体和选择物体的子级别三种。

选项遮罩： 用于指定物体、组成元素或者层级可以被选择的类型。

锁定： 使移动、旋转和缩放，仅仅对工作空间中处于选择状态的物体或者项目起作用。

吸附模式： 在场景中，用于精确移动物体的选项。在移动时可以使物体始终吸附在相关项目上。主要有网格吸附、曲线吸附、点吸附等。

操作列表： 可以浏览被选中物体的操作执行情况。

历史： 关闭或者打开物体的构造历史记录，构造历史包括应用于物体的参数、修改器和建模操作等。

渲染： 可根据操作需要，选用不同的渲染方式，分别为打开渲染视图、快速渲染和 IPR 渲染。

渲染设置： 单击该按钮可打开 Maya 的渲染设置窗口，对渲染的各项参数做进一步的调整，如图 2-5 所示。

常用工具栏是使用率最高的工具，主要包括选择（Select）、移动（Move）、旋转（Rotate）、放缩（Scale）等工具，如图 2-6 所示。

图 2-5　　　　　　　　　　　　　　　　　图 2-6

选择工具： 用于选择物体，位于常用工具栏的最上侧，快捷键是 Q。单击选择此工具，然后在要选择的点、线或面上单击即可。

套索选择工具：用于选择不规则的物体。单击选择此工具，然后在视图中通过拖拽鼠标形成一个选择区域，以选择物体。

画笔选择工具：选择物体的另一种形式。这时鼠标会变为一个画笔，画到的地方就会被选择。

移动工具：用于移动物体。选择物体后会显示出 3 个带有箭头的坐标轴向，可以使物体在 3 个轴向上任意移动，快捷键是 W。

旋转工具：用于旋转物体。单击选择此工具，被选择物体会出现不同轴向的旋转轴，可任意旋转，快捷键是 E。

缩放工具：缩放工具用于改变一个物体的大小和比例。缩放可以按比例进行，也可以不按比例进行。单击选择此工具，被选择物体会出现三个轴向的杠杆，可对物体在任意轴向上放大缩小，快捷键是 R。

2.2　Maya 的视图操作

对视图窗口的控制看起来虽然简单，但它是使用频率最高的命令，几乎每一次的做图都要使用很多次，不熟悉它就会成倍成倍地降低工作效率。但说白了它并不难，甚至可以说很容易，但一定要掌握住它。

首先是视图的切换，大家都知道，一般的三维软件都会有四个视图供做图时不同角度的观看和检查，它们分别是：Front View（正视图），Top View（顶视图），Side View（侧视图），Persp View（透视图），如图 2-7 所示。

图 2-7

这四个视图一般都可以最大化显示，便于更进一步地观察。Maya 的视图最大化的快捷键是空格键。可以把鼠标放在一个想要最大化的视图上，快速地敲一下空格键，请注意，一定要快速地，否则就会弹出菜单的悬浮面板。当视图最大化的时候，如果又想切回四视图方式，可以再在视图上快速地敲一下空格键，它就会再次切换回四视图的方式，如图 2-8 所示。

将鼠标放在视图中，按住空格键不放，然后把鼠标移到弹出的浮动菜单的中央，就是那个被方框包住的"A/W"那里，按住鼠标右键，会弹出来切换的视图选择，选择想切换的视图，在上面释放鼠标右键就可以对视图进行切换，如图 2-9 所示。

图 2-8

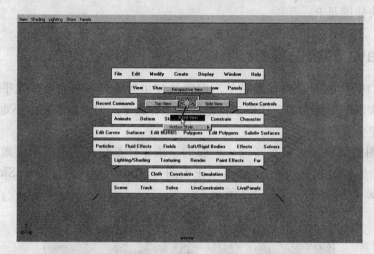

图 2-9

使用键盘的 Alt+鼠标左键，可以操作视图进行旋转，Alt+中键，可以操作视图进行平移，Alt+右键，可以操作视图进行放缩。旋转视图只能在透视图中使用，其他三个视图不支持旋转的操作，如图 2-10 所示。

图 2-10

对于 Polygon 模型，在视图中按"4"键，是线框显示模式；按"5"键，是实体显示模式；按"6"键，是贴图显示模式；按"7"键，是灯光显示模式，如图 2-11 所示。

对于 Nurbs 模型，在视图中按"1"键，是一级精度显示模式；按"2"键，是二级精度显示模式；按"3"键，是三级精度显示模式，其他操作同 Polygon 模型，如图 2-12 所示。

| 线框模式 | 实体模式 | 贴图模式 |

图 2-11

| 一级显示模式 | 二级显示模式 | 三级显示模式 |

图 2-12

2.3　Maya 笔刷工具实例——太阳花

在熟悉了 Maya 的基本操作方法以后，这一节我们来制作第一幅 CG 作品，最终结果如图 2-13 所示。

图 2-13

本节我们会利用前面几节提到的工具，再加一些简单的操作，来展示一件 CG 作品的制作流程。

这个实例我们主要用到了 Maya 的特色模块，即"Paint Effects"，直译过来就是画笔特效，它可以像画笔一样，直接在场景中画出花、草、树，甚至楼房等复杂的模型，方法非常简单。

2.3.1　创建模型

（1）打开 Maya 软件，在顶部的工具栏中，进入 Curves（曲线）工具栏，用鼠标左键单击第一个圆形图标，这时鼠标会由箭头变为十字光标，如图 2-14 所示。

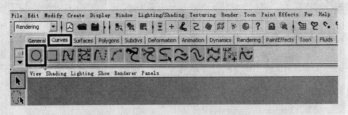

图 2-14

（2）在场景里双击鼠标左键，创建出一个圆形的曲线，如图 2-15 所示。

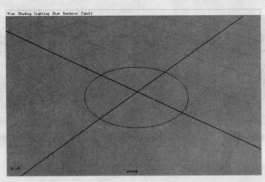

图 2-15

（3）执行主菜单的 Window→General Editors（普通编辑器）→Visor 命令，如图 2-16 所示。

（4）在打开的 Visor 窗口中，单击左侧树形结构中的"flowers"文件夹，右侧窗口会显示所有的花朵笔刷。下方的"sunflower.mel"笔刷就是本节要制作的花朵了，如图 2-17 所示。

图 2-16

图 2-17

（5）在场景中单击步骤（1）中创建的圆形曲线，按住键盘的 Shift 键，再单击 Visor 窗口中的"sunflower.mel"花朵笔刷，使曲线和笔刷都被选中。在 Rendering 模块下，执行主菜单的 Paint Effects→Curve Utilities→Attach Brush to Curves（结合笔刷至曲线）命令，如图 2-18 所示。

图 2-18

（6）这时我们会发现，曲线上面已经有花朵生长出来了。按键盘上的"5"键，使模型处于着色显示模式，会发现我们制作出的花朵长倒了。这是由于曲线的法线方向反转所导致的，如图 2-19 所示。

图 2-19

（7）使用旋转工具，将曲线在 X 轴或者 Z 轴的方向上旋转 180°，将花朵的生长方向调整为朝正上方，如图 2-20 所示。

图 2-20

（8）再来创建一个圆形曲线，然后使用放缩工具将它拉大。打开 Visor 窗口，在"grasses"文件夹下选择一款草的笔刷，如图 2-21 所示。

图 2-21

（9）选择新创建的曲线和草的笔刷，再来执行主菜单的 Paint Effects→Curve Utilities→Attach Brush to Curves（结合笔刷至曲线）命令。这时可以看到草地在花朵周围生长出来了，如果草地的生长方向错误，依然使用旋转工具，将它调整过来，如图 2-22 所示。

图 2-22

（10）现在花朵和草地的比例差别太大，我们分别调整它们的大小。选中花朵，按键盘上的"Ctrl＋A"组合键，打开花朵的属性设置面板，进入"sunflower1"面板中，最上面有一个 Global Scale 参数，它是用来调整笔刷物体的大小的。修改花朵的 Global Scale 参数为7.19，可以看到花朵变大了，而且原本低垂的花朵也抬了起来。

再来选中草地，按键盘上的"Ctrl＋A"组合键，打开草地的属性设置面板，进入"grassClump1"面板中，修改草地的 Global Scale 参数为 6.86。

再来使用放缩工具，分别对花朵和草地进行放缩调整，直至它们的比例看起来正确为止。这样，模型部分就调整完成了，如图 2-23 所示。

图 2-23

2.3.2 灯光和材质

（1）现在来进行灯光的创建。在顶部的工具栏中，进入"Rendering"（渲染）工具栏，单击第四个"Spot Light"（聚光灯）按钮，这样在场景的正中位置，就会创建出一盏聚光灯，如图 2-24 所示。

图 2-24

（2）聚光灯的显示很小，但这并不妨碍对它的位置进行调整。依然保持着对聚光灯的选择，在视图的菜单执行 Panels→Look Through Selected（被选择物体视角）命令，进入聚光灯的视角中。这时，在视图的下方，可以看到视图名称由"persp"（透视图）改变为"SpotLight"（聚光灯视图），如图 2-25 所示。

图 2-25

（3）在聚光灯视图中，正中间有一个圆圈，这就是聚光灯的照射范围，在圆圈内的物体才能被聚光灯照射到。

使用平移视图（快捷键 Alt＋鼠标中键）和放缩视图（快捷键 Alt＋鼠标右键），将聚光灯调整到场景的斜上方，保证场景中的所有物体都在正中间的圆圈内，即都在聚光灯的照射范围内，如图 2-26 所示。

图 2-26

（4）调整好聚光灯视角以后，在视图的菜单中执行 Panels→Perspective→Persp（透视图）命令，将视图切换回透视图。

保持对聚光灯的选择，按键盘上的"Ctrl＋A"组合键，打开聚光灯的属性设置面板，修改"Intensity"（灯光强度）参数为 2，使场景更加亮一些。单击"Color"（灯光颜色）后的色块，打开颜色拾取器，将灯光颜色调整为浅蓝色，如图 2-27 所示。

图 2-27

（5）现在为场景添加阴影效果。拖动聚光灯的属性面板，找到"Shadows"（阴影）卷轴栏，勾选"Use Depth Map Shadows"（使用深度贴图阴影），并对场景进行渲染，如图 2-28 所示。

（6）渲染后会发现：场景中虽然有了阴影，但草地的暗部则变得漆黑一片，这是阴影挡住了一部分草地，现在我们需要对场景的暗部进行提亮。进入"rendering"（渲染）工具栏，单击第一个"Ambient Light"（环境灯）按钮，创建出一盏环境灯。在它的属性设置面板中，修改 Ambient Shade 为 0，将灯光颜色调整为很浅的橙色，如图 2-29 所示。

图 2-28

图 2-29

（7）渲染后能看到暗部已经被提亮了。现在我们来为场景添加一些特效。打开草地的属性设置面板，进入"grassClump1"面板，找到"Glow"卷轴栏，修改 Glow 参数为 0.5，修改 Glow Color 为金黄色，修改 Shadow Glow 参数为 0.04。

用同样的方法，打开花朵的属性设置面板，进入"sunflower1"面板，修改 Glow Color 为红色，修改 Shadow Glow 参数为 0.10。

然后对场景进行渲染，如图 2-30 所示。

可以看到场景中的草地和花朵都具有了辉光的效果，草地微微发黄色的光，而花朵则泛着红色的光。这样，我们的灯光和材质部分就完成了。

图 2-30

2.3.3　渲染和后期合成

（1）调整透视图的视角，准备进行最终的渲染输出，如图 2-31 所示。

图 2-31

（2）打开渲染设置面板，使用默认的"Maya Software"渲染器，在"Common"（公共属性）面板中，可以修改"Image Size"（图像尺寸）卷轴栏下的参数，以调整渲染图片的大小。再进入"Maya Software"面板，修改"Quality"为"Production quality"（产品质量），将渲染品质设置为最好，如图 2-32 所示。

（3）单击渲染按钮进行渲染。执行渲染窗口的 File→Save Image（保存图像）命令，如图 2-33 所示，在弹出的"保存为"对话框中，将"File of type"设置为"Targa（＊.tga）"格式，设置好保存路径和文件名后，单击"save"按钮。

（4）之所以保存为.tga 格式，是因为.tga 格式能够保存图像中的 Alpha 通道，即透明背景。现在将保存好的图片在图形处理软件 Photoshop 中打开，会看到图像中黑色部分是透明的，这样就可以直接进行合成处理了，如图 2-34 所示。

（5）现在打开一张天空的图片，并将它放在渲染图的下方，按键盘上的"Ctrl＋T"组合键，调整天空背景的大小和位置，使两张图片的比例相对应，如图 2-35 所示。

图 2-32

图 2-33

图 2-34

图 2-35

（5）剩下的工作就是调整两个图层的曲线、色相、对比度和亮度，使两张图片很好地融合在一起。然后再使用裁切工具，将图片中下半部分裁掉，这样可以保证构图的美感。

图 2-36

2.4 Maya 的渲染设置

在 Maya 中，作品必须渲染出来才能够放在众人面前展示，因此，Maya 的渲染是一个极其重要的环节。在众多的三维软件中，Maya 是相当不错的一款。再加上 Maya 还嵌入了举世闻名的 Mental Ray 渲染器，使得 Maya 的渲染功能变得更加强大了。

2.4.1 全局渲染面板

在 Maya 主界面中，执行 Window→Rendering Editors（渲染编辑器）→Render Globals（全局渲染面板）命令，将全局渲染面板打开。也可以用鼠标单击 Maya 工具栏上的全局渲染面板的按钮将其打开，如图 2-37 所示。

Render Globals（全局渲染面板）其实有两个不同的面板，一个是 Common（公共面板），如图 2-38 所示，一个是特定渲染器面板，如图 2-39 所示。

图 2-37

图 2-38   图 2-39

Maya 一共有 4 个渲染器，除去原先的默认渲染器 Software（软件渲染）以外，还有 Hardware（硬件渲染），mental ray 以及矢量渲染器 Vector。

2.4.2 重要参数设置

Common 面板是 Maya 这 4 个渲染器的公用参数设置面板。它的所有参数都是针对渲染的图片或影像的，例如文件名称、文件格式、文件尺寸大小等。这些参数对于 Maya 的 4 个渲染器是公用的。

参照图 2-40，我们开始来对 Maya 渲染面板中的 Common（公共属性）面板的一些关键参数进行详解。

（1）File Name Prefix（文件名）。

进入 Maya 渲染面板的 Common（公共属性）面板，单击打开最上方的 Image File Output 卷轴栏，可以看到最上方有一个 File Name Prefix（文件名前缀）的属性设置，这是给 Maya 渲染出来的文件命名的参数，可以在框中输入想要命名的文件名，然后按键盘上的 Enter 键。

（2）Frame/Animation Ext。

这是设置命名格式的一个属性设置。在它的下拉菜单里有 6 种不同的形式来由操作者选择。前两项，即后面带有（Single Frame）字样的是设置单帧渲染的形式，而其他的形式则是设置图片序列的。

很多情况下，做影视作品的时候，不是使用直接渲染出来视频格式，而是考虑到压缩和后期合成的问题，所以一般都先渲染成序列图片，即一张一张的图片，然后再在后期软件里进行合成和调整，并最后输出。

我们现在以文件名为"Maya0025.tga"的文件为例，"name.#.ext"格式就会将该图片命名为"Maya.0025.tga"，"name.ext.#" 格式就会将该图片命名为"Maya.tga.0025"，依次类推。

图 2-40

（3）Image Format（输出文件格式）。

打开其下拉菜单，就会发现这里其实是设置渲染输出的格式。如果只是一般的保存，可以使用.jpg 格式；如果要进行印刷，一定要使用.tif 格式；如果想要输出带有通道的序列图片，可以使用.tga 格式。

（4）Start/End/By Frame。

如果在前面的 Frame/Animation Ext 属性中设置了图片序列格式，下面的这 4 个原本是灰色不可调整的属性就会以正常的模式显示出来，供 Maya 的操作者进行调节和操作。

其中，Start Frame 用于调节开始渲染的起始帧，输入的数字是多少，渲染就会从这一帧开始进行；End Frame 是和 Start Frame 正好相反的一个属性，它是设置结束帧的属性，即按照输入的数字来决定在哪一帧结束渲染；By Frame 是一个比较特殊的属性，它是进行隔帧渲染的一个参数，输入的数字是多少，渲染时就会隔这么多帧渲染一帧。虽然渲染出来的视频会很顿，但是有时候人们只是看一下渲染的效果。

它们的下方还有一个 Frame Padding 属性，它用于关于序列图片的数字位数的调节。一般情况下，序列图片的名字是*.012 这种格式的，如果渲染的影视文件有上千帧数，那么此时再用 3 位数的设置就不行了，这时可以在 Frame Padding 属性后的小方框中输入数字 4，以 4 位数的方式来进行命名。

（5）Image File Output 卷轴栏的其他属性。

在 Image File Output 卷轴栏的下方，有一个 Camera 下拉菜单，在该下拉菜单中可以看到全部的摄像机视图，可以选择渲染时以哪个摄像机视图为准进行渲染。

在 Camera 属性的下面有 3 个输出选项，分别是 RGB Channal（RGB 通道）、Alpha Channel（Alpha 通道）和 Depth Channel（深度通道），可以通过勾选它们前面的小方框来对它们进行输出设置。Maya 系统默认的设置是 RGB Channal 和 Alpha Channel 呈打开状态，而 Depth Channel 则是关闭着的。

（6）Common（公共属性）面板的其他重要属性。

单击打开 Common 面板中的 Resolution 卷轴栏，在这里可以设置渲染的文件尺寸大小。在其中的 Presets 下拉菜单中可以直接选择一些常用设置。

Batch Render（批量渲染）

一般情况下，在 Maya 的全局渲染面板中设置完输出序列图片以后，单击渲染钮进行渲染会发现 Maya 依旧是只渲染一帧的图像。

这时候需要对其进行另外的设置。进入 Maya 的 Rendering 模块，这时 Maya 的主菜单会发生一些变化。执行主菜单的 Render→Batch Render，Maya 就会自动进行批量渲染序列图片的渲染输出，如图 2-41 所示。

图 2-41

Quality（渲染输出品质设置）

Maya 的默认渲染器是 Software（软件渲染器），进行输出的时候，首先要注意输出的文件品质，即图像的精度。这个属性参数的调节是在 Software 渲染器属性设置面板的最上面。

单击打开 Anti-aliasing Quality 卷轴栏，可以看到其中有一个 Quality（品质）属性设置的下拉菜单，打开就会看到不同的品质设置。其中 Maya 默认的是 Custom，即预览渲染品质，显然，这个设置是无法满足正规作品的需要的。

可以选择 Production Quality（产品品质），选择完毕会看到 Edge Anti-aliasing 已经被自动设置为 Highest Quality（最高品质）了。

2.5　渲染设置实例——分层渲染和后期合成

分层渲染是将一个完整的场景，分为不同的部分渲染出来，然后再在后期软件中进行合成的一种工作方式。它的特点是可以对渲染出来的每一个层进行单独地调节，使后期合成的效果更加丰富和细腻。

分层渲染可以分为两种：一种是将场景里的所有物体分类，例如分为人物层、室内场景层、远景层等分别输出；另一种则是按照性质分类，例如分为颜色层、阴影层、反射层等分别输出。一般情况下都会使用分层渲染来制作动画，下面就来了解一下它的制作流程。

2.5.1　Maya 的图层面板

（1）打开一个较为复杂的场景，这个场景中包括人物、室内的办公用品、窗外的楼房等物体，如图 2-42 所示。

图 2-42

（2）在设置分层渲染之前，要了解一下 Maya 的图层面板。它分为"Display"（显示）和"Render"（渲染）两种图层类型。

先在默认的"Display"（显示）类型下，单击图层面板右上角的"新建图层"按钮，创建出一个新的图层，然后在场景中选中人物模型，在新建的图层上单击鼠标右键，在弹出的悬浮菜单中选择 Add Selected Objects（添加被选择物体），这样就将人物模型放置到了新建的图层中，如图 2-43 所示。

图 2-43

（3）再新建两个图层，分别将室内和室外的所有物体添加到这两个图层中。这样，复杂的场景就可以有序地分好类，如果希望哪部分隐藏起来不显示，只需要单击该部分所属图层最前面的"V"状态格，使该状态格空白，即可使该图层中的所有物体隐藏，如图 2-44 所示。

（4）实际上，"Display"类型图层的作用就是对模型的显示进行控制，图层前面的两个状态格就是控制按钮。

第一个控制格只有两种状态，有"V"或者没有"V"。前者是显示物体，后者是对物体隐藏。第二个控制格有 3 种状态，但都要第一个控制格是有"V"状态下才能使用。"T"状态是模型在视图中以线框模式显示，而"R"状态则是物体正常显示，但不能在视图中选择，如图 2-45 所示。

图 2-44

图 2-45

（5）双击图层，可以弹出图层的编辑面板，在里面可以修改图层的命名，以及设置图层的显示颜色，设置完毕单击"Save"按钮保存即可，如图 2-46 所示。

图 2-46

2.5.2 分层渲染设置

接下来我们看一下"Render"（渲染）图层类型。

（1）单击图层上方的"Render"项，进入"Render"（渲染）图层类型的面板，会看到右上方的创建图层按钮变为了两个，其中左边的按钮是"创建空图层"，右边的按钮则是"创建图层并添加被选择物体"，如图 2-47 所示。

图 2-47

（2）创建 3 个渲染图层，分别将人物、室内和室外的所有物体添加进图层。渲染图层最前面的状态栏是显示渲染状态，"R"为渲染，空为不渲染，如图 2-48 所示。

图 2-48

（3）打开渲染设置面板，参考图 2-49 进行设置，需要注意的是，由于该镜头为 25 帧，则需要设置 Frame Padding 为 2，即两位数，这样图片序列就会显示为 01、02、03…10、11、12 等。

注意 Common 面板上方的 Path（路径），这将是渲染出的图片保存的位置，如图 2-49 所示。

（4）按 F6 键进入"Rendering"（渲染）模块，执行 Render（渲染）→Batch Render（批量渲染）命令，Maya 会在后台开始渲染。渲染完毕，打开保存图片的文件夹，会看到里面已经按渲染图层分成了许多文件夹，每个文件夹中都是渲染出来的图片，如图 2-50 所示。渲染出来的效果如图 2-51 所示。

图 2-49

图 2-50

图 2-51

　　然后就可以在后期软件中分别导入，再分别进行曲线、色彩平衡、对比度等的调节。由于本书主要介绍 Maya，因此后期合成部分将不予介绍。

本 章 小 结

这一章对 Maya 常用的命令进行了介绍，因为实例只有两个，读者对这些命令肯定无法记得很牢固。因此本章可以作为工具书来使用，用到哪一部分时可以翻回来重新看一下。

思 考 题

本章实例应该使大家对 Maya 的工作流程有了一个简单的认识，现在可以使用所掌握的命令，用 Visor 菜单中的各项笔刷效果制作一个简单的场景。

第3章 曲面建模

Maya 的常用建模方式一般分为三种，即曲面建模（也称 Nurbs 建模）、多边形建模（也称 Polygon 建模）和细分建模。本章将要学习的是第一种——曲面建模。

曲面建模方式制作出的模型属于 Nurbs 模型，它适合于制作工业模型，基本上都是依靠曲线来创建面，并最终组成模型。

Nurbs 模型早期极为流行，原因就是可以通过 Renderman 渲染器对其进行优化设置，从而达到最快的渲染速度。但现在，随着硬件的不断升级，以及大量优秀渲染器的层出不穷，Nurbs 模型已不复当年的辉煌。目前动画的主流依然是 Polygon 模型。但 Nurbs 在制作一些特定的模型上有自身独特的优势，可以和 Polygon 模型互为补充。

现在就来学习曲面建模的方法。

3.1 各式各样的杯子

首先按 F4 键，进入 Surfaces 模块，先来学习很常用的 Surface 命令面板中的命令。这些命令都是对曲线进行操作，使之成为一个或多个面的模型。

3.1.1 Revolve 旋转成型命令

这个命令是使用一条曲线进行旋转，最终成为一个曲面模型。先执行 Create（创建）→ CV Curse Tool（CV 曲线工具）或 EP Curse Tool（EP 曲线工具）命令画出线，值得注意的是起始点都要在一条平行线上，然后运用这个命令，就可以使这条线进行旋转成型的操作，如图 3-1 所示。

图 3-1

对于 Revolve（旋转成型）命令，它常用于创建杯子，这是由这个命令本身的特性所决定的，它最适合创建圆口的东西。杯子和筒子、罐子、坛子都是圆口的，这也使得这个 Revolve（旋转成型）命令在创建这些东西的时候得心应手。

下面我们使用这个命令，创建各式各样的杯子模型。

3.1.2 Revolve 旋转成型建模实例——创建杯子模型

（1）首先单击主菜单的 Create（创建）→CV Curve Tool（CV 曲线工具）后的小立方体标志，打开该命令的属性设置面板，设置 Curve Degree 为 3 Cubic，这样的设置会使曲线更加平滑，如图 3-2 所示。

图 3-2

（2）接下来切换到 Front 前视图，使用 CV Curve Tool（CV 曲线工具），在视图中绘制出杯子的剖面轮廓线，需要注意的是，在绘制最左边的点——起始点和结束点的时候，要按住键盘的"X"键，使点吸附在视图栅格的交叉点上，这是为了保持这些点在同一平行线上，为下一步的旋转成型做前期的准备，绘制完毕按 Enter 键，如图 3-3 所示。

图 3-3

在绘制的时候按住"X"键，可以使绘制的点吸附在最近的栅格交叉点上。同理，移动的时候按住"X"键，也会把移动的物体吸附在栅格点上。

（3）如果对绘制好的曲线不满意，可以把鼠标放在曲线上，单击鼠标右键不放，在弹出的悬浮面板中选择 control vertex（控制点），使线段的控制点以紫色的方式显现出来，选择其中的某一个或多个点进行位置的调整。调整完毕在线的上面单击鼠标右键不放，在弹出的悬浮面板中选择 Select 返回到曲线的最高选择级别，如图 3-4 所示。

（4）选中曲线，单击主菜单的 Surface→Revolve（旋转成型）命令的小立方体标志，弹出 Revolve（旋转成型）的命令设置面板。确定 Axis Preset（旋转轴）为 Y 轴，设置一个数值稍微大一点的 Segments（片段数），它将决定着旋转的圆滑程度，现在用的依然是默认的8，如图 3-5 所示。

图 3-4

图 3-5

在它的属性设置面板中，不仅能设定上面所说的几个属性参数，还能够设定旋转出来的是哪种模型类型，有 Nurbs、Polygons、Subdiv、Bezier 4 种类型，可供不同的需要进行选择。

（5）单击 Revolve（旋转成型）命令设置面板的"Apply"按钮，切换到透视图可以看到，刚才所绘制的线段经过旋转成型，已经变成了一个杯子的形状，如图 3-6 所示。

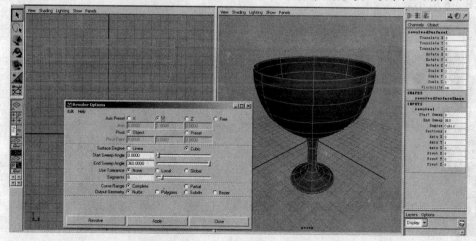

图 3-6

如果对模型不满意，可以选中刚才所创建的曲线，进入它控制点的级别，对点进行位置上的移动，以改变杯子的形态。修改的过程中可以在视图中实时观看杯子的形态，因为现在杯子模型历史纪录还没有被删除，所以它们现在还是互相关联的。

如果很难在视图中选中曲线，可以执行主菜单的 Window→Outliner 命令，打开 Outline（大纲窗口），这个窗口可以将场景中所有的物体都显示出来。单击其中的曲线，场景中相应的物体也会被选中，这样就可以对曲线进行调整了。

调整完毕，可以选中杯子的模型，执行主菜单的 Edit（编辑）→Delete By All（删除所有）→History（历史记录）命令，删除杯子的历史纪录，这样就可以打断曲线和杯子模型的链接。此时，一个杯子就完整地创建好了。

接下来可以发挥自己的想象力，做出各种各样的杯子，如图 3-7 所示。

图 3-7

3.2 多线的曲面编辑工具

3.2.1 Loft 放样工具

放样工具也是很常用的建模工具。只要给出不同位置的轮廓线，按次序选择这些轮廓线，执行该命令就可以自动生成模型。现在用一个例子说明一下。

首先选择工具栏的 Curves（曲线）项，单击最前面的圆形曲线，创建出 3 个圆形曲线，如图 3-8 所示。

图 3-8

对创建出来的 3 个圆形曲线进行位置上的移动，由下到上将位置拉开，如图 3-9 所示。

图 3-9

按住 Shift 键依次选择三条曲线，可以按照从上到下或从下到上的顺序依次选择。记住，绝对不要先选择中间再选择两边的，即不能跳着选择，否则系统会不清楚究竟怎样生成模型。然后执行 Surfaces→Loft（放样）命令。这时就可以看到一个新模型产生了，单击键盘上的"3"和"5"键进行实体显示，可以看到这是按照物体的轮廓线进行创建的。不管创建多少个轮廓线，只要依次选择，再单击 Loft 命令，就可以形成一个模型了，如图 3-10 所示。

图 3-10

如果希望对模型进行一些修改，也可以选中那三个圆形曲线，进行放缩、位移或旋转处理，如图 3-11 所示。

图 3-11

3.2.2 Planar 成面工具

这是一个将曲线封闭成面的命令。

先来创建一个圆形，然后执行 Surfaces 工具栏下的 Planar 命令后的小立方体，打开 Planar 的工具设置面板。设置中可以选择生成 Nurbs 面或是 Polygon 面。如果是生成 Polygon 还可以选择生成三角面或四边面，同时还可以设置生成面的数量等一系列的子命令。每一个设置都会产生不同性质的面，这就是 Maya 很好的地方，虽然命令比较烦琐，但是依然可以根据一些子命令将模型调整成为自己需要的，如图 3-12 所示。

图 3-12

3.2.3 Extrude 挤压成型实例——牛角

这是将一条封闭的曲线挤压成一个物体的命令。可以来看下面的例子，做一只牛角。

（1）首先创建一个圆形，然后使用 CV 曲线工具绘制出如图 3-13 所示的曲线。

图 3-13

（2）然后选择圆形和曲线，单击 Extrude（挤压成型）命令后的小立方体标志，从它的工具设置面板中可以看到，有很多种不同类型的设置。在最上面的 Style（类型）中选择 Tube 类型，这样生出的形态是一头粗一头细，可调节性很强。在 Result Position（挤压位置）选择 At Path（以路径为准）。这样挤压出来的模型就会以设置的路径的位置为主，即以那条 CV 曲线为标准。单击"Apply"按钮，生成结果如图 3-14 所示。

图 3-14

这个命令的作用其实就是以一条封闭的曲线作为剖面，以一条不封闭的曲线为路径（也可以不要路径，但挤压出来的物体就会直上直下的），然后挤压成一个物体。这也是一种很常用的建模方法。

需要注意的是，要进行有路径的挤压时，在 Result Position 要选择好是 At Path（以路径为准）还是 At Profile（以剖面为准）。

（3）这时可以看到右侧的属性面板中，有着挤压以后的历史纪录，在这里还可以对挤压类型等一系列的参数进行调整，其中就有挤压类型，单击会出现一个下拉菜单，可以进行选择，如图 3-15 所示。

图 3-15

（4）把 Rotation（旋转角度）调节成 360°，再把 Scale（放缩）调节为 0，这时可以看到图中挤压出来的模型发生了变化，挤压的顶端变得极细，模型也进行了 360°的旋转，一个牛角做好了，如图 3-16 所示。

按键盘上的"3"和"5"键转换到精度模式可以看到更细腻的模型，源文件是教学资源（可到华信教育资源网下载，网址见前言）中的 3-2-Extrude-ok.mb 文件。

从刚才的调节中不难看出，Cube 挤压类型的好处就是可调性很强，可以挤压出类似于圆锥似的效果，这是一种很常用同时也是很好用的一种建模方法。

图 3-16

3.3 曲面建模综合实例——宝剑锋从磨砺出

3.3.1 剑身的创建

Birail 轨道成型命令：这个命令组共有 3 个命令 Birail 1 Tool（单轨成型工具）；Birail 2 Tool（双轨成型工具）；Birail 3＋Tool（多轨成型工具）。下面我们通过一个制作宝剑的实例来介绍它们的具体使用方法。

（1）新建一个文件，使用 CV 曲线工具在顶视图中绘制两条曲线，作为宝剑两边的轮廓。在下面的操作中准备用多轨成型法来制作宝剑的剑身。注意，剑尖部不要封口，留出少许的空隙，如图 3-17 所示。

（2）接下来进行开口处的封闭。先在剑柄的开口处进行操作，还是用 CV 曲线工具，注意交接点一定要用点捕捉工具捕捉在一起。中间的点往下放一些，以便形成剑身中间的凹部，如图 3-18 所示。

图 3-17

图 3-18

（3）然后再对剑尖处的开口进行封闭，由于目标有些小，可以把顶视图扩大进行操作，注意对点进行捕捉，如图 3-19 所示。

图 3-19

（4）执行 Birail 2 Tool（双轨成型工具）命令，先单击两端的封闭曲线，再单击两边的轮廓曲线，生成模型，如图 3-20 所示。

图 3-20

把刚刚创建出来的模型删掉，还要继续对这些曲线做进一步的调整。

（5）继续在剑身上方创建一条曲线，注意将相交点捕捉在一起。这条曲线的作用是将剑身的凹处延续到这里，注意它的中间也是往下凹的，如图 3-21 所示。

（6）再在剑身上方的位置创建一条 CV 曲线，依然要注意点的捕捉，这条线的作用是表明宝剑剑身的凹处到此为止，注意看这条线的中间并没有凹下去，如图 3-22 所示。

图 3-21

图 3-22

（7）使用多轨成型工具把它们变成一个整体的面，先依次单击中间的四条曲线，然后按键盘上的 Enter 键，再单击左右两侧的两条轮廓线，得出模型，如图 3-23 所示。

（8）现在对模型进行整理，选择剑身模型，然后执行 Edit→Delete All By Type→History 命令，删除模型的所有历史纪录。再执行 Window-Outline 命令，弹出大纲窗口，在里面选择所有的曲线，按删除键对它们进行删除，现在已经不需要它们了，留着会占用其他的系统资源，如图 3-24 所示。

图 3-23

图 3-24

（9）选中模型，接下来要把宝剑的另外一边制作出来。执行 Edit→Duplicate 命令（或按键盘上的"Ctrl＋D"组合键），对模型进行复制，现在原始模型和被复制的模型重合在了一起，但是由于刚刚进行了复制，系统选择的是被复制的模型。在主界面右侧的原始参数里将 Scale Y 值改为–1，这样宝剑的另一边就做出来了，如图 3-25 所示。

（10）由于现在这两个物体还都是互不相关的模型，对以后的操作不利，现在要把它们结合为一个物体。

选中两个物体，单击 Edit Nurbs→Attach Surfaces 命令后的小立方体符号，弹出它的工具设置面板，把 Attach Method（结合方式）改为 Connect（连接），把 Keep Originals（保留原始物体）前面的勾取消掉，然后单击"Apply"按钮。可以看到两个物体合并为一个模型，如图 3-26 所示。

图 3-25

图 3-26

3.3.2 完成宝剑模型

（1）现在剑身基本上已经创建好了，接下来开始对剑柄上的剑托进行制作。这一步打算使用倒角工具来做。

首先用 CV 曲线画出剑托的轮廓，剑托本身拐角处并不是很圆滑，在拐角处多加几个点有利于模型的建造，如图 3-27 所示。

图 3-27

（2）选中刚刚创建的曲线，单击 Surfaces→Bevel Plus（倒角插件）命令后的小立方体标志，调出它的工具设置面板。

在 Outer Bevel Style（倒角模式）中选择 Straight Side Edge 模式，设置 Bevel Width（倒角宽度）和 Bevel Depth（倒角深度）均为 0.1，Extrcde Distance（挤压深度）为 0.3，然后单击工具设置面板中的"Apply"按钮，如图 3-28 所示。

图 3-28

（3）使用移动工具将创建好的剑托模型移到合适的位置，选择模型并删掉它的历史纪录，然后就可以在大纲窗口中把刚才的曲线删掉。

由于以后要给它们赋予不同的材质，因此就不必也不需要把这两个模型合并为一体，否则除了在操作上更加麻烦外没有太多的便利，如图 3-29 所示。

图 3-29

（4）接着来创建剑把的模型，我们将用单轨成型法制作它。首先绘制出剑把的两条轮廓线，如图 3-30 所示。

图 3-30

（5）随后来创建一个圆形，在右侧的创建参数中将它的 Sweep 值改为 180，只保留一个半圆，然后在 Rotate Z 值中输入–90，使它竖起来。进入点选择模式，选择圆形的一个端点，然后按住键盘上的 Shift 键再选择与其相近的一条轮廓线的端点，执行 Modify→Snap Align Objects→Point To Point 命令，使两个点捕捉在一起，如图 3-31 所示。

图 3-31

（6）现在发现剑把的剖面轮廓线——刚刚创建的半圆似乎太高了，高度已经超过了剑托的高度，这样进行成型的时候会造成剑把大于剑托的现象。

在右侧的创建原始参数面板中，将半圆曲线的 Scale X 值改为 0.24，使剑把的剖面轮廓线低一些，如图 3-32 所示。

图 3-32

（7）现在我们将使用单轨成型工具来对剑把进行创建。

在视图中的空白处单击一下，取消所有的选择，执行 Surfaces→Birail→Birail 1 Tool（单轨成型工具）命令，先单击刚才创建的半圆，再分别单击左右两侧的曲线，生成剑把模型。然后用放缩工具沿着 Z 轴放缩到合适的大小，如图 3-33 所示。

图 3-33

（8）删除所有模型的历史纪录，然后打开大纲窗口，删除所有已经没有用的曲线，释放一些系统资源。

现在稍微给它打上一些灯光。这个灯光，不仅要照亮这把剑的整体，还要使得剑身处的凹部显示出来，如图 3-34 所示。

图 3-34

本案例的源文件是教学资源（可到华信教育资源网下载，网址见前言）中的 3-3-Birail-ok.mb 文件，最后的渲染图，如图 3-35 所示。

图 3-35

这个实例中，模型制作比较简单。下面是一些造型稍稍复杂的一些的宝剑，都是学生学习完本章课程后制作的作业，如图 3-36 所示。

图 3-36

本 章 小 结

这一章简单地介绍了 Maya 的曲面建模。正如前文中所介绍的一样，曲面建模主要是用于工业产品的制作中，这主要是因为 Nurbs 建模有着良好的精度，它与 Polygon 多边形建模的区别，就相当于平面中矢量图和位图的区别。前者无论放大多少倍，它依然能够保持精度。

希望在学习完本章的内容以后，对曲面建模的认识会更清楚一些。在下一章中将介绍 Polygon 建模的方法，在学完下一章的内容后就可以对这两种都很优秀的建模方式进行一下对比了。

思 考 题

使用本章所学到的命令，重新制作一把造型复杂的宝剑。

第 4 章　Polygon 模型

在曾经相当长的一段时间内，电影级别的三维动画都是由 Nurbs 完成建模的，这是因为欧美绝大多数的电影动画公司，都是使用 Pixar 公司的 Renderman 渲染器进行最后渲染输出的。

Renderman 渲染器的优点是渲染质量出色，以及对于 Nurbs 模型有特殊的优化处理，比 Polygon 模型更加节省渲染时间。众所周知，渲染对于三维动画而言，是极度消耗时间的一个环节，Renderman 的这一特性使动画的制作周期大大缩短。因此在时间就是一切的年代，Nurbs 模型是当之无愧的主流。

现在，随着硬件的不断更新，渲染速度已经大大加快，Nurbs 渲染速度快的优点已经可以忽略不计了。软件方面的变化更是日新月异，Vray、Brasil、Final Render、海龟、Mental Ray 等优秀渲染器的出现，使得 Renderman 已不再是唯一的选择，因此，Nurbs 的光芒已经逐渐消失。

随着 Nurbs 优势的丧失，它的缺点也逐渐引起人们的重视，其中一点就是 Nurbs 的复杂性，Nurbs 所需命令较多，完全掌握是一个较为长期的过程，对于制作角色来说，Nurbs 的制作周期相当于 Polygon 的数倍。

而 Nurbs 最致命的缺点则是建模结束后的后期工作，贴图坐标的设定、蒙皮及权重的绘制、动画效果的制作，都要比 Polygon 模型需要更长的时间。

于是这个时候 Polygon 逐渐成为了建模的主流。它的突出优点就是易掌握、便于后期制作。在作者几年的 Maya 教学中，发现初学者对于 Polygon 建模方法掌握的速度是极快的，可以毫不夸张地说，Polygon 这种建模方式，初学者只要掌握十几个命令，再加上一些美术功底，就可以开始制作电影级别的模型。

而目前世界上大多数的三维动画，也是由 Polygon 来进行建模。图 4-1、图 4-2、图 4-3 都是《最终幻想》这部动画电影的角色模型和 Polygon 线框图：

图 4-1

图 4-2

图 4-3

4.1 Polygon 模型简述

前面我们说过，Polygon 建模方法很容易掌握。Polygon 在中国被翻译为多边形，可以说它是由多条边组成的。它可以简单地分为点、线、面三个子级别，也可以这么说：多边形建模就是通过调整点、线、面而达到最终的模型效果。

在 Maya 视图中新建一个 Polygon 模型，把鼠标放在模型上，单击鼠标右键不要松开，这时会弹出浮动的面板，Vertex 代表模型的点级别，Edge 代表模型的线级别，Face 则代表模型的面级别，如图 4-4 所示。

在浮动面板中分别选择 Vertex（点级别）、Edge（线级别）、Face（面级别），可以进入模型相应的子级别中，并且可以选中一些点、线、面，使用移动、旋转、放缩工具可以对它们进行操作，从而进行模型的修改和改变，如图 4-5 所示。

图 4-4

点级别　　边级别　　面级别

图 4-5

除此之外，还可以通过顶部的菜单栏进入各个级别，具体操作如图 4-6 所示。

几乎所有的 Polygon 命令都和点、线、面有关，下面内容将使我们认识一些常用的命令。

首先是第一个实例——皮克斯台灯（如图 4-7 所示）所用到的多边形命令。

图 4-6　　　　　　　　　　　　　　　　　　　　图 4-7

（1）Create Polygon Tool（创建多边形工具）：它可以直接在视图中绘制出一个平面多边形，如图 4-8 所示。

图 4-8

（2）Extrude（挤压）：它可以将模型上的一个平面、一条线段甚至一个点，挤压出一段多边形模型，如图 4-9 所示。

图 4-9

（3）Bevel（倒角）：该命令可以使模型的边缘生成一个较小的转折面，从而使模型边缘的过渡变得柔和，这样也会在打灯光时，使模型的轮廓线更加清晰，体积感更强，如图 4-10 所示。

图 4-10

（4）Booleans（布尔运算）：布尔运算中有 3 种不同的运算方法，分别为 Union（合并）、Differens（相减）、Intersection（相交）。这是针对两个以上 Polygon 模型进行的运算方法，Union（合并）是将不同的模型合并为一个模型的运算，Differens（相减）是其中一个模型减去另一个模型的运算，Intersection（相交）则是模型相交的部分，如图 4-11 所示。

图 4-11

这些，就是我们即将制作皮克斯台灯所用到的多边形命令，再加上我们前面学过的一些命令，这就足够了。

下面我们来看一下制作一个角色的模型需要用到的命令，和皮克斯台灯用到的相同命令就不再重复了。

（1）Split Polygon Tool（划分多边形工具）：用线在多边形的表面上进行划分，从而多出更多的点、线、面，便于调整细节，这个命令在角色建模中是使用次数最多的命令，如图 4-12 所示。

（2）Insert Edge Loop Tool（插入循环线工具）：这个命令和上一个 Split Polygon Tool（划分多边形工具）的作用是一样的，所不同的是它可以同时在多个面进行划分，但只限于相邻且面数相同的面，最好为 4 边面，但在面数太多的情况下容易出一些问题，还需要结合 Split Polygon Tool（划分多边形工具）来使用，如图 4-13 所示。

图 4-12   图 4-13

（3）Subdiv Proxy（细分代理）：这个命令最大的作用不是在建模上，而是在建模的过程中，通过它来实现模型的细分，可以让建模人员在制作低精度模型的时候，能够同步地看到模型光滑以后的效果，如图 4-14 所示。

（4）Merge（合并）：这个命令可以让模型的多个点、线、面等子级别，合并为一个子级别，如图 4-15 所示。

图 4-14   图 4-15

（5）Combine（结合）：它可以使多个独立的 Polygon 模型，结合为一个独立的 Polygon 模型，如图 4-16 所示。

图 4-16

（6）Append to Polygon Tool（补面）：这个命令我没有按照它的英文意思来翻译，实际上它的作用就是补面。在 Polygon 模型出现缺口时，这个命令可以为缺口补多个面使缺口合拢，如图 4-17 所示。

（7）Smooth（光滑）：在制作完低精度模型后，可以使用该命令，使模型的面数成倍增加，从而达到使模型光滑的目的，如图 4-18 所示。

（8）Sculpt Geometry tool（雕塑模型工具）：该命令是 Maya 的特色工具，可以使用笔刷像雕塑油泥一样，使模型完成局部的凹凸和光滑效果，如图 4-19 所示。

图 4-17

图 4-18

图 4-19

以上就是本章两个实例要涉及的所有关于 Polygon 的命令了，没错，只有这么多，如果能够认真地完成本章的两个实例，并理解了所有涉及的命令用法，那么，几乎就没有什么模型能够难倒你了。

4.2　Polygon 建模实例——著名的皮克斯台灯

即便有人不知道 Pixar（皮克斯）动画公司，但绝对知道他们的动画作品，那些家喻户晓的动画电影已经证明了他们的实力：《玩具总动员》、《海底总动员》、《超人总动员》、《料理鼠王》、《怪物公司》、《WALL·E》等，如图 4-20 所示。

图 4-20

表 4-1 是 Pixar 动画公司历年作品的票房收入，相信看到这些数字，你一定会瞠目结舌的。

表 4-1   Pixar 动画公司历年作品票房收入

电　影	上 映 年 份	美 国 票 房	全 球 票 房
玩具总动员（Toy Story）	1995	1 亿 9 180 万美元	3 亿 6 200 万美元
虫虫危机（A Bug's Life）	1998	1 亿 6 280 万美元	3 亿 6 340 万美元
玩具总动员 2（Toy Story2）	1999	2 亿 4 590 万美元	4 亿 8 500 万美元
怪物公司（Monsters Inc.）	2001	2 亿 5 590 万美元	5 亿 2 540 万美元
海底总动员（Finding Nemo）	2003	3 亿 3 970 万美元	8 亿 6 460 万美元
超人总动员（The Incredibles）	2004	2 亿 6 140 万美元	6 亿 3 140 万美元
赛车总动员（Cars）	2006	2 亿 4 410 万美元	4 亿 6 200 万美元
料理鼠王（Ratatouille）	2007	2 亿 644 万美元	逾 5 亿美元

有人曾经认为，Pixar（皮克斯）动画公司可以称为是一所继迪斯尼公司之后，对动画电影历史影响最深的公司。Pixar（皮克斯）几乎每部动画片的片头，都会出现一个蹦跳着可爱的小台灯，这也是 Pixar（皮克斯）公司的标志，如图 4-21 所示。

图 4-21

下面我们就一起来在 Maya 中制作这个小台灯，也算是向伟大的 Pixar（皮克斯）动画公司致敬吧。

4.2.1 灯头、灯泡和灯座的创建

对于灯头和灯座，前面所学过的制作杯子的方法，即旋转成型命令无疑是最合适的。

（1）使用曲线工具，沿着中轴线绘制出灯头的剖面，注意起始点和结束点要分开，不要结合在一起，如图 4-22 所示。

图 4-22

（2）选中曲线，在 Surfaces 模块中，执行菜单中的 Surfaces→Revolve 命令，将曲线旋转成型。如发现有问题则选中原始曲线，进入点级别进行修改，修改完毕的模型如图 4-23 所示。

（3）使用同样的方法制作台灯的底座，需要注意的是，台灯底座的上方要留有一个小凹槽，便于后面制作连接灯座部分时插入，如图 4-24 所示。

图 4-23

图 4-24

（4）灯泡部分是使用一个 Nurbs 球，进入点级别修改完成的。然后选中灯头、灯泡和灯座模型，执行菜单中的 Edit→Dellete All by Type→History 命令，将模型的历史纪录全部删掉。再选中旋转成型的曲线，将它们删除。调整好三个模型在场景中的位置，如图 4-25 所示。

图 4-25

4.2.2 灯臂的创建

（1）灯臂都是一个一个小零件，现在就要使用前面所介绍过的命令了，执行 Polygons 模块下 Mesh→Create Polygon Tool 命令，在前视图中慢慢绘制出灯头连接处的零件剖面形状，由于零件两边都是圆头，因此需要在绘制这一部分的时候，多加入一些点。绘制完毕后按键盘上的 Enter 键即可，然后使用移动工具将它放置在灯头侧下方。这时如果发现移动杠杆距离模型太远，可执行 Modify→Center Pivot 命令，使其中心点放置在模型的正中心，如图 4-26 所示。

（2）进入它的面级别，并选中唯一的那个面，执行 Polygons 模块下 Edit Mesh→Extrude 命令，在操作杆中使用移动工具，将它的厚度拉出来，如图 4-27 所示。

图 4-26   图 4-27

（3）对于一名优秀的模型师，他需要具备两种本领：一种是将复杂的简单化，这主要针对工作流程，能够将复杂的工作流程，按照一定的方法进行统筹化处理，使之变得简单有效可行；另一种本领是将简单的复杂化，这主要针对模型，模型细节的多少决定了画面的丰富程度，在这个"细节决定一切"的时代，怎样为模型增加更多的细节，就成为一名优秀模型师的条件之一。

现在我们需要为模型增加一些细节，回到模型的顶级别，执行 Polygons 模块下 Edit Mesh→Bevel 命令，制作模型的倒角，增加模型的细节，如图 4-28 所示。

图 4-28

（4）将模型再复制出来一个，让两个零件并排放置在灯头的侧下方，如图 4-29 所示。

（5）创建 5 个 Polygon 圆柱体，使用放缩、移动、旋转工具，把它们放置在合适的位置上，作为灯头和灯臂、灯臂之间的连接结构，如图 4-30 所示。

（6）重复前面制作零件的步骤，继续做出灯臂的第二个零件，在绘制时依然要注意零件的圆角部分，之后挤压、倒角，再复制出来一个，将它们放置在合适的位置上，如图 4-31 所示。

图 4-29

图 4-30

图 4-31

（7）继续制作灯臂的第三个零件，并将它们放置在合适的位置上，如图4-32所示。

（8）接下来我们要做一个比较复杂的零件，在前面几个零件的制作中，我们都是在前视图中绘制剖面，下面这个零件有一个较大的转折，因此我们需要在侧视图中进行绘制。

绘制出剖面以后，由于需要它是圆角，因此需要进行多次挤压：第一次挤压完毕后稍稍沿着纵向放大一些，第二次则放大的稍小一些，第三次要缩小稍小一些，第四次挤压要缩小多一些，这样可以完成圆角的制作，之后再进行一次倒角处理，如图4-33所示。

图 4-32

图 4-33

（9）将制作好的这个零件放置在合适的位置上，再复制另外一侧相同的零件的时候，由于它们是对称的，因此普通的复制并不能够达到我们的要求，进入 Edit→Duplicate Special 的属性设置面板中，修改 Scale 后面的第三个窗口的 1 为–1，即使模型在 Z 轴向上进行镜像复制，这样就完成了这个特殊的复制。

调整一下它们的位置，并在各零件之间用圆柱体做一下连接，保证结构的准确性，如图 4-34 所示。

图 4-34

（10）将步骤（6）中做好的这个零件复制 3 个，分别进行放缩和旋转，放置在灯臂下部，如图 4-35 所示。

图 4-35

（11）把这个零件再复制两个，进行设置后，放置在灯臂最下方，做好与灯座连接的桥梁。再新建一个圆柱体，将灯座与灯臂进行连接，如图 4-36 所示。

图 4-36

（12）新建或复制前面所创建的 Polygon 圆柱体，调整大小、角度和位置，将各零部件进行连接，如图 4-37 所示。

图 4-37

现在我们已经完成了台灯的主体结构，接下来我们将为它添加更多的细节。

4.2.3　细节的制作

在前面，模型的细节部分添加了很多，接下来的细节部分则是极小的零件——螺丝和弹簧。

（1）我们先来制作螺丝，新建一个 Polygon 圆球，再新建一个 Polygon 立方体，将圆球的一半放置在立方体内，先选中圆球模型，再按键盘上的 Shift 键选中立方体模型，执行 Polygon 模块下的 Mesh→Booleans→Differens 命令，将两个模型进行布尔运算，从而得到一个半球体，如图 4-38 所示。

图 4-38

（2）创建两个小的 Polygon 立方体，先选中半圆，再按 Shift 键选中其中一个立方体，依然执行 Polygon 模块下的 Mesh→Booleans→Differens 命令，进行相减的布尔运算，然后再对另一个立方体使用相同的布尔运算，结果如图 4-39 所示。

（3）将做好的螺丝模型进行复制，分别放置在连接各零件的圆柱模型的两侧，结果如图 4-40 所示。

图 4-39

图 4-40

（4）接着来创建螺丝帽模型，新建一个 Polygon 圆柱形，调整 Subdivisions Axis 为 6，将它变成一个六边形，结果如图 4-41 所示。

（5）再新建一个 Polygon 圆柱形，将它放置在第一个圆柱形的中间，将两个模型进行布尔运算，得出螺丝帽的模型，如图 4-42 所示。

图 4-41

图 4-42

（6）将做好的螺丝帽模型进行复制，分别放置在连接各零件的圆柱模型的两侧。现在就出现一个问题，我们现在创建了两种零部件——螺丝和螺丝帽，哪些连接应该放置螺丝，而哪些连接需要放置螺丝帽呢？

大家可以根据自己的理解，在固定不动的连接处放置螺丝，而在以后做动画需要进行旋转的地方放置螺丝帽，结果如图 4-43 所示。

图 4-43

（7）接下来我们来制作弹簧。在前视图或侧视图中，使用 EP 曲线工具，绘制一条笔直向上的线条。选中线条，在 Surfaces 模块下，打开 Edit Curves（编辑曲线）→Rebuild Curve（重建曲线）的命令设置面板，设置 Number of spans 参数为 70，这样这条曲线就会由 70 个片段组成，如图 4-44 所示。

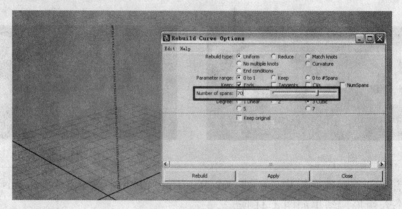

图 4-44

（8）选中曲线，在 Animation 模块下，执行 Create Deformers（创建变形器）→Nonlinear→Twist（扭曲）命令，将新创建出来的扭曲变形器和原先的曲线拉开一段距离，如图 4-45 所示。

（9）选中变形器，按键盘上的"T"键，变形器的头和尾都会出现一个调整杠杆，在透视图中用鼠标按着杠杆，不断进行顺时针或逆时针的运动，直到原先的曲线被扭曲为一根弹簧的形状，如图 4-46 所示。

图 4-45

图 4-46

（10）选中曲线并删除它的历史记录，新建一个很小的圆形曲线，并按 Shift 键选中螺旋曲线，在 Surfaces 菜单下，打开 Surfaces→Extrude（挤压）的命令设置面板，按如图 4-47 所示设置好参数，单击"Apply"按钮。如发现弹簧太粗，则调整圆形曲线的半径，如图 4-47 所示。

（11）调整弹簧的大小，并使用旋转和移动工具，将它们放置在台灯相应的位置上，至此，台灯的建模部分就基本完成了，如图 4-48 所示。

图 4-47 图 4-48

大家可以在教学资源（可到华信教育资源网下载，网址见前言）中找到 taideng.mb 文件，打开观看。

4.3 Polygon 角色建模实例——真实人物头部

对于学习三维动画的人而言，创造出一个属于自己的角色是每个初学者的梦想。动画角色大体可以分为三类，一种是写实类的，即能够把角色制作得十分真实，就像真的生活在现实生活中一样，这类角色的结构一般都极为准确，准确到每一块肌肉、每一根血管，甚至每一条衣服上的褶皱，下面的作品都是写实类中的佼佼者，如图 4-49、图 4-50、图 4-51、图 4-52 所示。

图 4-49 图 4-50

图 4-51　　　　　　　　　　　　　图 4-52

另一种则是卡通型的，它们是在真实基础上，弱化了结构、肌肉等，主要强调甚至夸张了五官、四肢，使角色看起来非常可爱，如图 4-53、图 4-54、图 4-55、图 4-56 所示。

图 4-53

图 4-54

图 4-55

图 4-56

还有一种是属于超现实的角色，这种风格是在真实的结构、骨骼、肌肉，甚至质感的基础上进一步进行夸张，如图 4-57、图 4-58、图 4-59、图 4-60 所示。

图 4-57   图 4-58

图 4-59   图 4-60

看了这么多很优秀的作品，相信从事动画的人都会有一种创建属于自己的角色的冲动，接下来我们就开始吧。

4.3.1　前期准备工作

无论角色是写实的还是卡通的，头部的结构是我们必须了解的，这样才能够做出真实可信的角色。对于学过美术的 Maya 初学者，尤其是画过头像素描的，可能对头部的结构有一定的了解。如果是没有美术功底的 Maya 初学者，最好找一些相关的书籍来看一下，例如伯里曼的《人体结构绘画教学》，以及安德鲁·路米斯《人体结构教程》等。

虽然都是使用 Polygon 来进行建模，但制作头像的过程也有很多种，我们接下来使用的这种建模方式，是一种较容易掌握、也较容易出效果的一种方式。

先来看下面这张速写头像绘制过程的图，会发现都是从一个最基本的圆形开始，逐步深入，最后刻画出五官并完成的，如图 4-61 所示。

我们的建模方法也是按照这种方式，先用一个圆形刻画出大体，然后再逐步深入完成。但在制作之前，我们还需要做一些准备工作。

无论美术基础有多深厚，对于制作三维头像而言，第一次总是会很吃力的，因此可以先找一些正面和侧面的图，放置在 Maya 中作为参考面板。可能会有些人希望能够把自己或者好友的头像在 Maya 中还原出来，也可以使用照相机拍摄人物的正面和侧面，但拍摄的时候最好把额头和耳朵都露出来。

拍摄完毕以后需要在 Photoshop 软件中进行定位：将两张图片重叠在一起，并修改透明度，使两张图片都能看到。然后拉出参考线，分别定位头顶、眉毛、上眼皮、眼角、下眼皮、鼻底、嘴角、下巴的位置，使两张图片的各部位都保持在同一水平线上，然后将正面图和侧面图分别保存，如图 4-62 所示。

图 4-61

图 4-62

现在来看怎样在 Maya 中制作参考板：

（1）在前视图菜单中执行 View（视图）→Select Camera（选择摄像机）命令，然后按键盘上的"Ctrl＋A"组合键，进入前视图摄像机的属性设置面板中，在 Environment 卷轴栏中，单击 Image Plane 后的"Create"按钮，如图 4-63 所示。

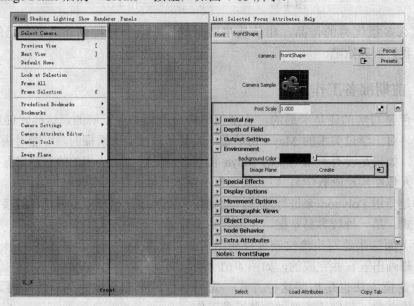

图 4-63

（2）在 Image Plane 的属性面板中，单击 Image Name 后面的文件夹图标，在弹出的对话框中找到正面参考图并打开，这时会看到前视图中已经将参考图显示出来了，如图 4-64 所示。

图 4-64

（3）使用相同的方法将侧面参考图设置在侧视图中，这时会看到透视图中两张参考板互相交叉在一起，这样参考板就完成了，如图 4-65 所示。

图 4-65

（4）现在还有一个问题，即两块参考板在视图中都能被选中，这样会在建模中出现误选。在图层面板中新建一个图层，然后选择两块参考板，在新建的图层上单击鼠标右键不要松手，在弹出的浮动面板中选择 Add Selected Objects（添加被选择物体），然后将图层前面的状态修改为 R，这样，参考板就不会被选择到了，如图 4-66 所示。

图 4-66

前期的准备工作基本上可以结束了，如果对自己有足够的信心，这一步也可以跳过。在下面的操作中，由于影响截图的效果，制作中就不再使用参考板了，读者可以根据自己的需要来设定参考板。

4.3.2　开始制作头部模型

（1）新建一个 Polygon 圆球体，在右侧通道栏中一定要把它的 TranslateX、Y、Z 三个数值都设置为 0，以保证它在视图的正中间，再来设置它的片段数为 12 和 8，使用放缩工具，在横向和纵向上面调整，使它接近于头像的大体形状，如图 4-67 所示。

图 4-67

（2）先在前视图中，使用移动工具，逐一选中整排的点，调整位置，使之分别对应额头、眉毛、眼角、嘴部、下巴、脖子等处，再使用放缩工具，使整排的点沿着 X 轴向进行放缩。

再进入侧视图，使用放缩工具，使整排的点沿着 Z 轴向进行放缩，从而把侧面的轮廓勾勒出来。然后使用旋转工具，将嘴部、下巴、脖子三排点进行旋转，使模型符合头像的结构，如图 4-68 所示。

图 4-68

（3）进入面级别，选中最下面脖子的所有面，进行删除。然后进入到边级别，将底部所有的线都选中，在保证 Polygons 模块下 Edit Mesh→Keep Faces Together 被勾选的前提下，执行 Edit Mesh→Extrude（挤压）命令，将脖子挤压出来，如图 4-69 所示。

图 4-69

（4）由于在头部建模的时候，模型的面要尽量使用四边面，因此头顶部分的一些三角面要进行调整。选中头顶的所有边并删除，执行 Edit Polygon→Split Polygon Tool（划分多边形工具）命令，先沿着中轴线将头顶划分为两半，按 Enter 键，再分别划分中间的三条线，如图 4-70 所示。

图 4-70

顺便提示一下，在使用 Split Polygon Tool（划分多边形工具）命令的时候，尤其是划分的起始位置都有控制点的情况下，为了保证不再多出新的多余控制点，必须使划分的起始点和相对应的控制点位置完全一致。因此在使用 Split Polygon Tool（划分多边形工具）命令进行操作的时候，如图 4-71 所示，需要先用鼠标单击控制点且不要松手，例如 a 点，再将鼠标拖动至控制点的 b 点松手，这样就不会多出无谓的控制点。

图 4-71

（5）将新划分出来的控制点位置进行调整，尽量使面的转折变得柔和一些，如图 4-72所示。

图 4-72

（6）由于头部的两边是基本对称的，因此为了节省工作量，通常的做法都是只做头部的一半，在完成以后再把另外一半复制出来，结合在一起。

现在我们也要这样设定一下。首先进入模型的面级别，选中一侧的所有面，进行删除。但是只做一半对掌握整体有影响，因此进入到模型的最高级别，打开 Edit→Duplicate Special 的命令设置面板，设置 Geometry Type 方式为 Instance（关联复制），Scale 的第一个参数为-1，单击"Apply"按钮。

这时可以进入到点级别，选中一个点进行调整，会发现另一半模型也随之进行改变，这就是关联复制的作用，如图 4-73 所示。

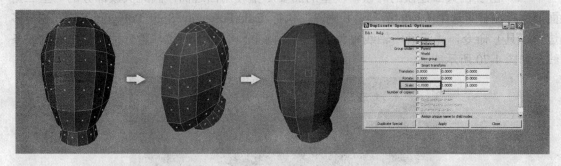

图 4-73

（7）再次执行 Edit Polygon→Split Polygon Tool（划分多边形工具）命令，沿着嘴部的线向上顺时针划分一圈线，将鼻翼、眼窝的结构都绘制出来，然后选中中间的两个点，使用移动工具向里移动一些，做出眼窝的深度，如图 4-74 所示。

图 4-74

（8）还是使用 Split Polygon Tool（划分多边形工具）命令，沿着眼窝内部再绘制一圈线，将眼睛的形状绘制出来。进入到边级别，选中眼睛内部的 6 条边，此时它们已经没有用了，将它们删除，使眼睛独立出来。

如果使用了参考面板，依据参考图，在前视图和侧视图中调整眼睛的形状和位置，如图 4-75 所示。

图 4-75

（9）继续使用 Split Polygon Tool（划分多边形工具）命令，在嘴部的上方横向绘制一圈线，作为鼻底部分，然后再把鼻底和嘴部连接的一条线删除。在嘴部的周围绘制一圈线，做出嘴部的形状，将嘴部里面靠近中间的点向内移动，制作出嘴部中间的凹陷部分，如图 4-76 所示。

（10）接下来制作鼻子，进入面级别，选中鼻子的两个面，执行 Edit Mesh→Extrude（挤压）命令，将选中的两个面挤压出来一些，再沿 X 轴向旋转一些，使鼻梁有一定的斜度，再进入点级别，调整出鼻子的大致形状，如图 4-77 所示。

图 4-76

图 4-77

（11）如果现在就希望看看光滑以后的模型，会发现光滑以后鼻子中间有一条巨大的缝隙，这是因为在挤压的时候，鼻子中间会多出来一个多余的面，现在需要把这个面删除掉。

删除一侧的模型，进入到另一侧模型的面级别，在鼻子的内侧选中多余的面并删除，然后将另一侧模型复制出来，再光滑就正常了，如图 4-78 所示。

图 4-78

（12）进入点级别，调整耳朵部分两个面的形状，然后选中两个面，执行 Edit Mesh→Extrude（挤压）命令，将耳朵挤压出来，再进入到点级别，调整耳朵外轮廓的形状，如图 4-79 所示。

（13）在眼眶的外围加一圈线，增加眼部的细节，便于后期的调整，再将鼻梁处多余的线删除，如图 4-80 所示。

图 4-79

图 4-80

（14）在嘴部最外面和最里面各加一圈线，并进入点级别调整形状，外部的线是绘制嘴唇部分的结构，内部的线是准备挤压出嘴部的内部结构，进入到线级别，将嘴部最里面的几条多余的线删除掉，如图 4-81 所示。

图 4-81

（15）进入到面级别，选中嘴部内的面，执行 Edit Mesh→Extrude（挤压）命令，把这个面向内部挤压一些，并将挤压出来的多余的面删除，如图 4-82 所示。

图 4-82

4.3.3 眼睛部分的制作

接下来我们来细致地刻画五官，按照头部布线的需要，首先来制作眼睛。在制作之前可以先看一下眼睛各个角度的图片，以便对结构有一个大概的了解。制作完以后也可以对照自己的模型来检查一下，如图 4-83 所示。

（1）继续使用 Split Polygon Tool（划分多边形工具）命令，在眼角、上眼皮的中间，下眼皮中间到嘴角的位置上继续加线，增加细节。然后进入到点级别，调整眼睛轮廓线上新加入的点的位置，如图 4-84 所示。

图 4-83

图 4-84

（2）进入面级别，选中眼睛的面，执行 Edit Mesh→Extrude（挤压）命令，先向外挤压出来一点，并缩小一些，做出眼眶。按键盘上的"G"键进行第二次挤压，这次向内一些，越过头部的表面，并缩小一些，这样与刚才挤压出来的面形成一个小的夹角，在光滑以后结构更加明确。再按"G"键进行第三次挤压，这次向内多一些，并放大，形成眼窝，如图 4-85 所示。

图 4-85

（3）使用 Split Polygon Tool（划分多边形工具）命令，在眼眶内侧划出一圈线，并将这一圈线稍稍往内移动一些，其中上眼皮的部分移动稍大一些，这样把眼窝的陷入部分制作出来。再从内侧眼角往下画线，到鼻翼部分，如图 4-86 所示。

图 4-86

（4）继续使用 Split Polygon Tool（划分多边形工具）命令，在眼眶周围加线，增加更多的细节，注意要把两个眼角做出来，如图 4-87 所示。

图 4-87

（5）现在眼睛部分已经基本完成，由于全部制作完毕以后，需要用一个球体作为眼球，因此现在可以新建一个和真实眼球大小差不多的球体，放置在眼眶内部，再来调整眼眶的控制点，使眼眶和眼球相匹配，如图 4-88 所示。

图 4-88

4.3.4　嘴部的制作

制作之前先来看一下嘴部各角度的图片，如图 4-89 所示。

图 4-89

（1）由于前面已经制作了嘴部的基础部分，下面的制作会相对轻松一些。使用 Split Polygon Tool（划分多边形工具）命令，从鼻底至脖子画一条线，增加嘴部细节。再沿着嘴部外围画一圈线，进入点级别，将下巴的结构调整出来，如图 4-90 所示。

图 4-90

（2）继续在嘴部的外部画一圈线，以增加控制点，调整更多的细节。进入到点级别，按照嘴部的结构进行调整，注意要把上下嘴唇的边缘部分向内移动一些，使嘴唇的立体感更加突出，如图 4-91 所示。

图 4-91

（3）接下来要制作口腔，删除一侧的模型，选中口腔最里面的两个面，多次执行 Edit Mesh→Extrude（挤压）命令，将口腔内部挤压出来，以便在最后放入牙齿和舌头的模型，最后再将最侧面的面删除，如图 4-92 所示。

图 4-92

（4）由于最后我们需要对模型进行光滑处理，因此在制作过程中，能够实时看到光滑后的模型就成为必须。下面选中一侧的模型，打开 Edit→Duplicate Special 的命令设置面板，设置 Geometry Type 方式为 Instance（关联复制），单击"Apply"按钮，将复制出来的模型移到旁边，如图 4-93 所示。

图 4-93

（5）选中新复制出来的模型，在 Polygons 模块下，打开 Proxy→Subdiv Proxy（细分代理）的命令设置面板，设置 Division Levels 参数为 1，单击"Apply"按钮。这时会看到模型变为透明，模型的里面出现了一个光滑过的新模型，将外面的透明模型删除，只保留光滑过的模型，这时再去调整原始头部模型的结构，就会看到光滑的模型也会发生相应的变化，这就是 Subdiv Proxy（细分代理）命令的作用，如图 4-94 所示。

Subdiv Proxy（细分代理）命令的 Division Levels 参数越高，模型光滑生成的面数就越多，因此在建模阶段参数设定为 1 就可以了，设定得太高会导致面数成倍增加，从而会大量占用系统资源。

图 4-94

4.3.5 鼻子的制作

鼻子的结构稍稍复杂一些，制作之前依然是先来看一下鼻子各角度的图片，以做到心中有数，如图 4-95 所示。

图 4-95

（1）首先将鼻孔挤压出来，进入面级别，选中鼻底的面，执行 Edit Mesh→Extrude（挤压）命令，先不对其挤压，而是对多出来的这个面放缩，再调整一下控制点的位置，使形状和鼻孔相近，再来对这个面进行第二次挤压，先挤压进去一点，增加一些面，以便最后光滑的时候有好的效果，再进行第三次挤压，这时将面彻底挤压进去，如图 4-96 所示。

图 4-96

（2）依然是使用 Split Polygon Tool（划分多边形工具）命令，先从鼻底上方至下巴绘制一圈线，将鼻头结构勾勒出来的同时，也为下巴增加了细节。在一般的头部模型中，因为眼睛和嘴部在后期的动画中变化较多，因此它们周围的线，都是以眼睛或者嘴巴为中心，呈放射状布线。

然后再由鼻底向上至眼眶位置绘制一条线，以增加鼻头部分的细节，并进入到点级别，调整出鼻翼的结构，如图 4-97 所示。

（3）继续使用 Split Polygon Tool（划分多边形工具）命令，先在鼻头上方横向绘制一条线，再在纵向上绘制三条线，并进入点级别，调整控制点的位置，将鼻头部分的转折做出来，如图 4-98 所示。

图 4-97

图 4-98

（4）继续使用 Split Polygon Tool（划分多边形工具）命令，在人中的位置开始绕嘴部绘制一圈线，再进入点级别，在侧视图中调节点的位置，将人中部分制作出来，如图 4-99 所示。

图 4-99

（5）再从鼻梁开始，横向绘制一条线，以增加鼻梁的控制点。在侧视图中，进入点级别，调整鼻梁的形状，如图 4-100 所示。

（6）继续在鼻孔至中间的位置加一条线，进入点级别，在侧视图中调整鼻底和鼻孔的形状，如图 4-101 所示。

图 4-100

图 4-101

4.3.6　耳朵的制作

耳朵应该是五官中最复杂的部分了，由于耳朵是独立的一个部分，而且每个人的耳朵几乎差别不大，再加上很多角色的耳朵部分都被头发、帽子遮挡住，因此有时候为了赶工期，可以直接从外部调入一个耳朵模型，与头部模型进行合并。但为了整个头部制作的完整性，我们还是来对耳朵进行单独的制作。先来看一下不同角度的耳朵照片，如图 4-102 所示。

图 4-102

（1）使用 Split Polygon Tool（划分多边形工具）命令，在表面横向加入两条线，并进入点级别调整耳朵表面的形状。然后在耳朵根部加入一圈线，调整耳朵根部的转折，如图 4-103 所示。

图 4-103

（2）继续使用 Split Polygon Tool（划分多边形工具）命令，在耳朵表面内侧绘制一圈线，再将中间的几个点稍稍向内移动。继续在耳朵表面绘制线，将耳垂等结构都刻画出来，如图 4-104 所示。

图 4-104

（3）继续使用加线并调整控制点，最后结果如图 4-105 所示。

图 4-105

4.3.7 细节的添加和最后调整

（1）接下来要进行细节的添加工作，执行 Edit Polygon→Insert Edge Loop Tool（插入循环线工具）命令，在嘴唇的中间绘制一圈线，并在侧视图中，将这圈线稍稍往外移动一些，这样制作出来的嘴唇会更加的饱满，如图 4-106 所示。

图 4-106

（2）然后来制作角色的双眼皮，使用 Split Polygon Tool（划分多边形工具）命令，先在双眼皮的起始点上各画一条线，将双眼皮的走势绘制出来，然后沿着这条走势线，在其下方很近的地方绘制一条线，如图 4-107 所示。

（3）使用移动工具，将绘制出来的这条线稍稍往内移动，再向上移动一些，这样光滑以后就会出现双眼皮的效果，如图 4-108 所示。

图 4-107 图 4-108

（4）接下来我们使用一款极具 Maya 风格且非常好用的工具对模型进行整体调整。选中模型，打开 Mesh→Sculpt Geometry Tool（雕塑模型工具）的命令设置面板，这时把鼠标放在模型上，会看到一个红色的笔刷。

可以调整 Radius（U）值为 0.1，将笔刷的半径设置小一些，然后点选 Operation 后面的第三个图标，在模型表面进行涂抹，会发现涂抹过的地方会变得光滑，如果光滑的强度太大，可以将 Opacity 值调小一些。除了光滑功能外，Operation 的第一个图标是凹陷，第二个图标是凸出，第四个图标是分散，而第五个图标是擦除变化的。另外，Profile 还提供了四种笔刷效果供选择，最后面的 Browse 则可以从外部导入笔刷，如图 4-109 所示。

图 4-109

（5）全部调整完了以后就可以进行模型的合并了，由于前面使用了大量的命令对模型进行调整，这个时候可以删除模型的历史纪录，释放一些系统资源，使电脑显示速度加快。

删除一侧的模型，准备进行镜像复制。Maya 自带的镜像复制命令是 Mesh 菜单下的 Mirror Geometry 命令，但是这个命令在合并这种比较精细的模型时候很容易出错，经常将临近的点合并为一个点，如图 4-110 所示。

（6）现在来使用另一种合并模型的方法，虽然稍复杂一点，但效果却很好。打开 Edit→Duplicate Special 的命令设置面板，设置 Geometry Type 方式为 Copy，Scale 的第一个参数为 −1，单击"Apply"按钮，复制出另一半模型，注意，这次就不是关联复制了。

图 4-110

现在这是两个各自独立的模型，需要把它们合并为一个模型。选中它们，执行 Mesh→
Combine 命令，将两个模型合并为一个，如图 4-111 所示。

图 4-111

（7）如果现在对模型进行光滑，会发现模型正中间会有一条缝隙，这是由于两个模型
虽然合并在一起了，但是模型边缘的点还是各自独立的。

进入模型的点级别，在前视图中使用框选的方法，从上到下框选最中间的一排点，打
开 Edit Mesh→Merge 的命令设置面板，其中的 Threshold 值是指需要合并物体的距离值，即
在这个距离之内的被选择物体才能够合并，超出这个距离的不会进行合并。

由于两个模型的点基本重合在一起，所以可以先设定为最低的 0.0001，单击"Apply"
按钮，如图 4-112 所示。

（8）现在可以使用 Mesh→Smooth 命令对模型进行光滑，如果光滑后发现模型连接处有
缝隙，说明这个地方的两个点没有被合并在一起。按"Ctrl＋Z"组合键退回到光滑以前，选
中相应的点，可以适当地调整 Merge 的 Threshold 值，并进行合并，然后再 Smooth。完成后
的效果如图 4-113 所示。

图 4-112

图 4-113

4.3.8 其他部分的介绍

实际上本节的头部模型制作到现在，只是完成了角色中最复杂的头部，还有一些其他部分需要进行制作，例如身体、头发、服装，甚至眼睫毛等，这些部分模型的制作技术难度不高，使用到的命令还没有头部多，只是工作量很大，因此在这里只是做一下介绍，就不再一一详细讲解了。

（1）头发部分。由于现在的技术发展很快，制作真实头发效果变得越来越简单，Maya中也加入了专门做头发的 Hair 模块，能够做出完全模拟真实的一根一根的头发效果，但是这种技术对于制作人员的要求很高，需要掌握的命令很多，且制作出来以后的头发飘动等效果，也需要借助动力学等模块相配合，因此掌握起来需要较长的时间。

但这些技术最致命的缺点还是对于系统资源的占用，如果制作单帧问题不大，但是如果制作大场景的动画，系统很可能就不堪重负了，除非有 Pixar 公司那样的高配置电脑和渲染农场，否则对于资金相对并不宽裕的小型工作室和公司而言，是完全无法接受的，因此这种技术在实际的动画制作中，使用得并不多。

现在在制作大型动画的时候，大多数制作方都会使用直接建模的方法，即使用 Nurbs 平面，调整为一缕头发的样子，然后对这缕头发模型不断复制，不断调整，大量的 Nurbs 平面最终组成头发的效果，如图 4-114 所示。

图 4-114

　　模型制作完以后，为头发模型贴上真实头发的贴图，再使用透明贴图制作出一丝一丝的效果，甚至眼睫毛、胡须等也可以使用这种方法来创建，如图 4-115、图 4-116 所示。

　　（2）身体部分。实际上身体部分建模在技术上并不困难，难的是对结构的掌握，下面的三视图可以对身体结构掌握不好的读者起到一定的帮助作用，如图 4-117 所示。

　　身体的建模方式基本上都是新建一个立方体，作为身体部分，然后使用挤压命令，挤压出手臂、手指、腿、脚，图 4-118 就是建得非常精细的脚和手。

图 4-115

图 4-116

图 4-117

　　（3）衣服部分。同头发部分一样，专门做衣服特效的插件也很多，而 Maya 升级以后的 Ncloth 模块也是专门为制作衣服应运而生的。但是缺点也是与头发部分一样，就是大场景的时候占用系统资源过大。因此现在很多大型多集动画也都采用 Polygon 建模的方式来完成，如图 4-119 所示。

　　如图 4-120 所示就是一个完整的三维角色，是完全使用 Polygon 模型来完成的，包括头发和服饰。

图 4-118

图 4-119

图 4-120

本 章 小 结

本章着重介绍了 Maya 在多边形建模方面的强大功能，其实，所有的软件和命令都只不过是工具，而最终对自己作品起决定作用的还是操作者本身的个人修养及文化内涵，只有在这个方面提高了，才能够成为一名设计人员，否则就只能是一名技术工人。

在所有的制作中，也许漫长的制作过程会给人带来枯燥乏味，甚至不愿意再继续做下去的感觉，而这却是一件优秀作品诞生的必经之路。当坚持到最后看到自己辛勤成果的那一刹，才能感受到一种成就感和自豪感。

思 考 题

1. 找到一种自己喜欢的动物，想象着把它改变成卡通角色的造型。
2. 将自己在 Maya 中制作出来，包括身体、衣服和头发部分。

第 5 章　Maya 的材质系统

在 Maya 中，各个材质的主要区别就是对高光的处理，不同的材质有着不同的高光效果。但这只是一个较大的区别，并不是全部，很多材质都有着它们自己才有的特性，这些都要在本章一一介绍。

5.1　Maya 基本材质类型

5.1.1　Anisotropic、Blinn、Lambert、Layered Shader 材质

Anisotropic 材质：这是一种比较特殊的材质，它的特殊之处就在于它的高光。在一般情况下，一个球体的高光应该是圆形的，但 Anisotropic 材质的高光却是很不规则的，如图 5-1 所示。图 5-2 是默认的 Anisotropic 材质指定给一个球体后，模型在视图中的显示和渲染后的图像。

图 5-1　　　　　　　　　　　　　　　　图 5-2

Anisotropic 材质在三维作品中并不是很常用的一种材质，但由于它的特殊性，所以很适合表现一些不规则的反射。另外，它的高光可以根据角度大小来进行细致的调整，即现在看到的这个比较狭长的高光，可以自身进行一些旋转，这对于一些喜爱做动画的人而言，也许这正是一个创意的闪亮点。

Blinn 材质：这是一个很常用的材质，这主要归功于它具有可调节性极强的高光，如图 5-3 所示。图 5-4 是默认的 Blinn 材质指定给一个球体后，模型在视图中的显示和渲染后的图像。

图 5-3　　　　　　　　　　　　　　　　图 5-4

Blinn 材质的适用范围很广泛，一般情况下，极其强烈的高光在现实中是不大容易出现的。其实仔细观察一下自己生活的周围，由于空气中不规则颗粒所造成的折射以及视线的阻

隔等一系列的因素，所看到的高光都或多或少地带有一些过渡的柔和边缘。这对于 Blinn 材质来说正好是强项。

　　Blinn 材质高光柔和度的可调节性很强，正因为如此它才具有普遍性。很多时候都被用在高光较为强烈的金属或玻璃上，在一些高光不是很强的如木制家具之类的物体上，也常常能见到它的身影。

　　Lambert 材质：这是 Maya 的默认材质。在创建一个模型以后，Maya 会自动地将这个模型指定 Lambert 材质。它的特点是没有任何高光，这是它区别于其他材质的一个很重要的特点，如图 5-5 所示。图 5-6 是默认的 Lambert 材质指定给一个球体后，模型在视图中的显示和渲染后的图像。

图 5-5　　　　　　　　　　　　　　　　　　　　　　图 5-6

　　Lambert 材质也是应用很广泛的一种基本材质，由于它不会产生任何高光特性，使得它在模拟一些表面比较粗糙的物体时有着很大的发挥空间。在现实世界中，如果仔细观察会发现：有很多物体实际上是不带任何高光的，比如身上穿着的布料衣服，绒帽，地上的岩石，砖头瓦片，这些都是 Lambert 材质大显身手的地方。

　　Layered Shader 材质：这也是一个很特殊的材质。它的特殊不是在于高光方面，而是在于它特殊的编辑属性。

　　一般情况下，一个物体表面上的质感都是分好几个不同层级的，而 Layered Shader 材质就是把一个一个不同的材质叠加到模型上，从而创造出更加多变的材质。

　　图 5-7 是创建的一个基本的 Layered Shader 材质，图 5-8 是为一个球体的模型指定了一个默认 Layered Shader 材质后，模型在视图中的显示和渲染后的图像。

图 5-7　　　　　　　　　　　　　　　　　　　　　　图 5-8

　　这只是刚刚建立还没有经过任何调整的 Layered Shader 材质，虽然看上去只不过是一块绿色，但是将它真正地调节好以后，它能够调节出来的效果是惊人的。靠它来模拟物体上因岁月而产生的众多杂质是再合适不过的。如图 5-9 所示是一个建立好的 Layered Shader 材质所表现出来的效果。当然，这只不过是最简单的一种。

图 5-9

　　注意上图右侧红框中的设置，那里就是 Layered Shader 材质层级设置的地方，越靠左边的材质就显示在整个物体的最前面，右边的则反之。从下面的 Hypershade 面板中也可以看到，这个 Layered Shader 材质是由一个 Blinn 材质和一个 Lambert 材质叠加而得到的，而那个 Blinn 材质和 Lambert 材质的下面，还有它们自己的子层级。

　　从这个材质层级链接表中不难看出，一个 Layered Shader 材质的复杂程度可以说在所有材质之上，即想要调节出优秀的材质就必须付出更多的劳动，这也是 Layered Shader 材质的特点。

5.1.2　Ocean Shader 材质实例——海洋效果

　　Ocean Shader 材质从字面上翻译过来是海洋材质，实质上它最适合做海洋及其他一切带有波纹的水，如图 5-10 所示。图 5-11 是经过一些调整的 Ocean Shader 材质赋予一个平面模型后，模型在视图中的显示和渲染后的图像。

图 5-10　　　　　　　　　　　　　　　　　图 5-11

　　接下来我们就使用这个材质，简单制作一片海洋的效果。

　　（1）创建一个多边形的平面，调节主界面左侧通道面板的 Scale X、Y、Z 参数分别为 135，1，165。并在下面的 Subdivisions Wid 和 Subdivisions Hei，即片段数各调节为 10，在透视图中用放缩视图工具，即按 Alt＋鼠标右键将视图拉近，如图 5-12 所示。

　　（2）执行 Windows→Rendering Editor→Hypershade 命令，打开 Hypershade 面板，单击左边的 Ocean Shader 材质，使 OceanShader1 材质出现在右侧的材质编辑框内。使用鼠标中

键将它拖动到视图中刚刚创建的平板模型上，单击渲染钮进行渲染，发现渲染出来的是一片有着轻微海浪的海洋了，如图 5-13 所示。

图 5-12

图 5-13

仔细观察可以看出，这个海洋和预想中的效果还有着一定的差距，首先是它的颜色偏绿，这似乎与"蔚蓝的大海"不相符合。

（3）按键盘的"Ctrl＋A"组合键，打开 Ocean Shader 材质的属性面板。在 Common Material Attributes 卷轴栏下，单击 Water Color（水面颜色）前面的颜色块。在弹出的色彩调节器中，将颜色调节成深蓝色，单击"Accept"按钮。再来渲染一遍，发现渲染出来的就是"蔚蓝的大海"了，如图 5-14 所示。

颜色是差不多了，但这张图依然存在着很多的缺憾，表现得还远远达不到真实，这主要是因为水波的关系。这张图渲染出来的水波太过于细微，不像汪洋的大海，倒像一条普普通通的小河。还有它的水波过于一致，差不多的大小，差不多的形状，使它缺少波纹应该有的多样化、多变化和不规则化，这些都是要在下一步里进行调节的地方，使它看起来更像一片海而不是普通的水。

图 5-14

（4）依然在 Ocean Shader 材质的属性面板中，单击打开 Ocean Attributes 卷轴栏，按照图 5-15 的参数对其进行调节。然后再单击渲染钮，就会发现整个海面变了。其水波变得有大有小，错综复杂，极富有变化。

图 5-15

其中 Scale（比例大小值）属性是调节水面波纹的大小比例，值越高，水波纹就越多，反之则越少。Wave Dir Spread 属性则是调节水波扩展方向的。

另外还有一组相关联的参数：Wave Length Min 和 Wave Length Max。这两个参数是调节水波最小和最大的长度值。对它们进行设定以后，所有水波都会限制在这两个值之间进行随机变化。即如果想要水面上的水波变得没有规律，只需将这两个值之间的差距拉大，那么水波大小就会在一个更大的范围内进行随机变化。

现在的海面还不错，但是似乎有点暗了，这就需要把它提亮一些。

（5）在 OceanShader1 材质的属性面板中找到 Glow（自发光）卷轴栏并单击打开，调节下面的 Glow Intensity（自发光强度）值为 0.12，再对透视图进行渲染，发现整个海面都被提亮了，如图 5-16 所示。

图 5-16

这又是一个特殊的参数，顾名思义，它能够使物体自身发出晕光效果，数值越高，亮度越强。有时候一些高亮度却往往能使画面产生一种完全不同的，却使人很赏心悦目的效果来，如图 5-17、图 5-18 所示是两种不同的效果。

图 5-17   图 5-18

5.1.3 Phong、Phong E、Ramp Shader、Surface Shader 材质

Phong 材质：它与其他材质的显著区别就是极其强烈的高光。与其他材质对比就会发现，在材质都没有进行调整的时候，Phong 材质的高光是最强烈的，而且它的高光非常集中，边界的柔和度不高，如图 5-19 所示。图 5-20 是默认的 Phong 材质指定给一个球体后，模型在视图中的显示和渲染后的图像。

Phong 材质由于其独特的高光，经常被用在塑料、金属等质感的表现方面。

Phong E：从名字中就可以看出，它和刚刚介绍的 Phong 材质有一定的联系。但对它们进行仔细对比后就会发现，Phong E 材质的高光比 Phong 材质要柔和一些。如果读者细心一些，会发觉 Phong E 材质和刚才介绍的 Blinn 材质有着很多相似之处。其实

Phong E 材质的高光比 Blinn 材质更为集中，边界也没有 Blinn 材质那么柔和，如图 5-21 所示。图 5-22 是默认的 Phong E 材质指定给一个球体后，模型在视图中显示和渲染后的图像。

图 5-19   图 5-20

图 5-21   图 5-22

    Phong E 材质由于它有边缘柔和、中心强烈的高光，在适用范围上受到一些局限，但它对于表现一些高光不太强烈，但相对集中的质感依然有着一定的优势。

    Ramp Shader 材质：它并不是一个单一上色实体，它的所有属性都可以设置为渐变效果，如图 5-23 所示。图 5-24 是经过一些小调整的 Ramp Shader 材质指定给一个球体后，模型在视图中显示和渲染后的图像，从中可以看出它的一些不同之处。

图 5-23   图 5-24

    图 5-25 是 Ramp Shader 材质的调节面板，右侧是调节过渡色的地方。在颜色块中用鼠标单击一下，会弹出一种新的颜色，以供调整使用。

    Surface Shader 材质：这也是一个很特殊的材质，它的特殊之处不在于它的高光，而在于它的表现形态上。它可以看做是一个自发光的材质，能够渲染出很强的光晕，如图 5-26 所示。图 5-27 是经过一些小调整的 Surface Shader 材质指定给一个球体的模型后，模型在视图中显示和渲染后的图像，从中可以看出它的一些不同之处。

    Surface Shader 材质由于其特殊性，虽然不适合表现绝大多数物体的表面，但是很适合表现一些光感强烈的物体，例如很强的白炽灯，甚至可以模拟天上的太阳。

图 5-25

图 5-26

图 5-27

以上介绍了基本材质中的常用材质，但要做出优秀的材质，还要对这些基本材质的属性进行调节。

5.2 基本材质的基本属性

创建一个基本材质以后，按键盘的"Ctrl＋A"组合键，会弹出所选择材质的属性面板。在里面有很多的属性，可以对它们的参数进行调节，以产生更多的变化，如图 5-28 所示。

图 5-28

从中可以看到，材质的属性被分为了好几个大的选项组，在这些选项组的卷轴栏下又分列着它们各自的小选项。以下内容是对常用的选项和参数进行的介绍。

5.2.1　Common Material Attributes（公共材质属性）

Common Material Attributes（公共材质属性）选项组，从名字中就可以看出，这里面都是材质所共用的属性。但一些比较特殊的材质并没有包含这个选项组，因此，它可以说成是绝大多数材质的公共属性，如图 5-29 所示。

图 5-29

Color（颜色）：这是用来调节一个材质基本颜色的属性。刚刚创建出来的材质颜色是灰色，而通过 Color（颜色）属性的调节，能够使基本材质的颜色发生变化。

对于它的操作只要单击"Color"标题后的颜色框，就会弹出一个颜色调节器，调节完毕以后单击"Accpet"按钮即可。

如果想回到调节前的颜色，只需要单击颜色调节器上的"Reset"按钮就可以了，如图 5-30 所示。

图 5-30

Color（颜色）属性的最右边有一个黑白格子的标志，这是它的贴图钮。在基本颜色不能够满足需要的时候，可以单击贴图钮，选择一种 Textures（贴图）贴在物体的表面，以达到需要的效果。

Transparency（透明度）：这是调节材质透明度的属性。调整为黑色代表 100%不透明，而白色代表全部透明，中间过渡的灰色越深则透明度越低，反之则越高，如图 5-31 所示。

图 5-31

值得注意的是，它可以调整模型的透明程度，但仅仅限于模型本身，并不影响物体的高光、阴影及其他一些参数的透明度，图 5-32 和图 5-33 是调节了红色球体透明度前后的不同效果，注意红色球体透明以后所透出来的背景，以及它本身的高光和阴影。

图 5-32

图 5-33

Ambient Color（环境色）：系统默认的环境色是纯黑色的，那么也就意味着不加任何环境色。环境色的调节方法也和 Color（固有色）一样，也是单击"Ambient Color"后的颜色框，在弹出来的颜色调节器里进行调节，如图 5-34 所示。

图 5-35 和图 5-36 是加上环境色前后的渲染效果图，它们加的是黄色调的环境色，从中可以对它们进行比较。

图 5-34

图 5-35

图 5-36

Incandescence（白热化）：其实就是调节材质自身亮度的属性，它的调节方法也是单击颜色框，弹出颜色调节器进行调节，如图 5-37 所示。

图 5-37

图 5-38 中两个球体的形状和材质是一样的，不同的是右侧的球体加了 Incandescence 效果，可以进行一下对比。图 5-39 是把场景中所有的灯光都隐去了以后渲染出来的效果。从中可以看出，在没有灯光的情况下，右侧加了 Incandescence 效果的球体依然能够显现出来。因为 Incandescence（白热化）是均匀的散布光，所以渲染出来如同一张平面，没有任何立体感。

图 5-38

图 5-39

Bump Mapping（凹凸贴图）：这是一个极其常用的属性。它是根据灰度值大小，来使被指定材质的物体表面产生凹凸不平的效果，灰度值高的地方就会产生凹进去的效果。它没有颜色调节框，只有后面的一个标有黑白格子的贴图钮。所以，它只能用贴图的方法来模拟出凹凸效果，如图 5-40 所示。

图 5-40

下面的两张渲染效果图是加入 Bump 贴图前后的样子。图 5-41 是加入前的，图 5-42 是加入后的。可以进行一下对比，Bump 的深度是可以随意进行调节的。

Diffuse（漫反射）：漫反射是物理学中物体表面对光的一种反射现象，它对于提高物体的亮度和饱和度有帮助作用，但它并不改变所有的亮度，而是只改变中间的过渡色。Maya 的默认值是 0.8，可以对其进行调节。如果调节值大于 1 则必须手动输入数值，然后按键盘上的 Enter 键，使用滑杆只能调节 0～1 之间的数值，如图 5-43 所示。

图 5-41　　　　　　　　　　　　　　　　图 5-42

图 5-43

图 5-44 和图 5-45 是 Diffuse（漫反射）值为 0.2 和 0.8 时的效果，可以进行对比。

图 5-44　　　　　　　　　　　　　　　　图 5-45

Translucence（半透明）：这也是一种很特殊的材质属性，它主要用于树叶、蜡烛、窗帘之类的半透明物体，从而模拟出透光的效果。Translucence（半透明）属性下的两个参数：Translucence Depth 和 Translucence Focus 是它的子参数，如图 5-46 所示。

图 5-47 和图 5-48 是加入 Translucence（半透明）前后的不同效果。可以看出蜡烛把背投灯光的光线显现了出来。

图 5-46

图 5-47

图 5-48

5.2.2　材质应用实例——矿石效果

现在对前面所学的内容以实例形式进行小结。看看下面这两张效果图，如图 5-49 和图 5-50 所示。在这个实例中准备做一块矿石。要注意，矿石不但要有一般石头的纹理，还要有一些闪闪发光的小颗粒，把它里面的矿物质露出来。

图 5-49

图 5-50

这个实例要涉及的材质有 Phong、PhongE、Layered Shader，以及几乎所有的常用材质属性。

（1）首先打开教学资源（可到华信教育资源网下载，网址见前言）提供的 5-2-stone.mb 文件。里面有一个做好的石头模型，建模方式是 Nurbs 建模。

除了模型以外，还打上了灯光，分别是一盏 Spot Light 和一盏 Ambient Light，为了照亮物体。另外还有一架摄像机，如图 5-51 所示。

图 5-51

（2）执行 Window-Rendering Editors-Hypershade 命令，打开 Hypershade 窗口，创建一个 PhongE 材质，系统会给这个材质命名为 PhongE1。

双击 Hypershade 窗口中的 PhongE1 材质，打开它的属性面板。在调节材质的属性之前，先将材质指定给石头模型，并打开 IPR 渲染窗口，边调节材质边观看结果。

先将物体的固有色进行改变，矿石一般都不会像普通石头那样的灰色，把它调节得稍微偏绿一些，如图 5-52 所示。

图 5-52

（3）下面要对其高光做一些调节，即设置 Specular Shading 卷轴栏下的参数。这些参数是 PhongE 材质所特有的属性，并不属于如前所述的公共属性，按照图 5-53 对这些参数进行设置。

图 5-53

Roughness 属性用于调节高光的粗糙程度，值越大，高光边缘就越不圆滑，即粗糙度上升。由于矿石的表面是不规则的凹凸，因此它的高光不必处理得很光滑。

Highlight Size 属性用于调节高光尺寸大小，值越大，高光面积就越大。

Whiteness 属性用于调节高光的亮度。

Specular Color 属性用于调节高光的颜色，但主要是调色调，因为高光的亮度是由 Whiteness 来控制的。

（4）接着来给矿石加入凹凸效果。在材质属性栏里，单击 Bump Mapping 后黑白格子的标志，在弹出的贴图类型中选择 Cloud 贴图类型，如图 5-54 所示。

图 5-54

如果打开了 IPR 渲染窗口，就可以看到矿石表面出现了不规则的凹凸效果，如图 5-55 所示。

图 5-55

（5）由于还要加上一些发光的颗粒感，因此只凭借一个 PhongE1 材质是不可能完成的。所以现在就要使用 Layered Shader 材质了。

在 Hypershade 窗口中创建一个 Layered Shader 材质，它会被系统自动地命名为 LayeredShader1。其实养成给材质命名的习惯很有必要，这对于复杂的场景而言可以使调节更加便捷。但由于这个实例中只有三个材质，因此命名不是那么重要了。刚创建的 Layered Shader 材质在没有进行设定的时候，通常都会自己带有一个层，这个层几乎没什么用处，一般都会把它删掉。

现在用鼠标的中键将刚刚调节完毕的 PhongE1 材质拖动给 LayeredShader1 材质的层级框中，然后单击 Layered Shader 材质自带的那个绿色层下面的叉号，将其删除，只保留 PhongE1 材质，并将 LayeredShader1 指定给模型，如图 5-56 所示。

（6）在 Hypershade 窗口中创建一个 Phong 材质，系统会自动把它命名为 Phong1 材质。由于要加上一些矿物质的颜色，所以在调整颜色上使它稍稍偏蓝。然后为它的 Bump Mapping 加入一个 Fractal 贴图，如图 5-57 所示。

图 5-56

图 5-57

（7）在 Hypershade 窗口中展开 Phong1 材质的节点图，用鼠标单击位于左侧的 Place2dTexture15 节点（具体文件中这个名字可能会不一样，但要调节的具体节点一定要清楚），打开它的属性面板，在 Repeat UV（UV 轴向重复值）一栏中，将两个数值都调节为 10，使它们在 U，V 轴向上都重复 10 次，以提高杂点的密度，增加矿石闪亮点的数量，如图 5-58 所示。

图 5-58

（8）在 Phong1 材质的节点图中，单击 bump2d4 节点，打开它的属性面板，在 Bump Depth（凹凸深度）栏中将数值改为 5，加深其凹凸深度，便于在最后的合成中使矿石的颗粒感更为强烈，如图 5-59 所示。

（9）单击选中 LayeredShader1 材质，使它的层级框在材质属性栏中显现出来。按住鼠标中键不放，将 Phong1 材质拖到 LayeredShader1 的层级框中。记得要把它放在 PhongE1 材质的前面，这样，Phong1 材质就会在最外面的一层，即在矿石的最表面，如果打开了 IPR 渲染窗口就可以看到指定以后所产生的效果，如图 5-60 所示。

图 5-59

图 5-60

这时的 LayeredShader1 材质线框图应该是如图 5-61 所示。

图 5-61

（10）现在要调节 Phong1 材质的透明度了，需要保留它的一些很突出的小颗粒感，使
PhongE1 材质的石头质感显现出来。

在 Phong1 材质的属性面板中，单击 Transparency（透明度）属性后的黑白格图标，在弹出的贴图类型中选择 Solid Fractal，这时渲染一幅图看看，矿石的质感已经初具效果了，如图 5-62 所示。

图 5-62

（11）接着要对 Transparency（透明度）里面的 Solid Fractal 贴图属性进行调整，使矿石的质感更加细腻。

按照图 5-63 的设置对 Solid Fractal 贴图进行调整，这里主要是调节它的对比度。前面也介绍过， Transparency（透明度）参数用于调节材质的透明度。黑色代表 100%不透明，白色代表全部透明，中间过渡的灰色越深则透明度越低，反之则越高。调节这些就是为了让PhongE1 材质透出来的部分看上去更加自然。

图 5-63

现在可以渲染一下看看整体效果了，最终的源文件是教学资源（可到华信教育资源网下载，网址见前言）中的 5-2-stone-ok.mb 文件。

5.3 贴图应用实例——蛇皮效果

在枯燥的理论教学中，用实例来进行学习比大量的说明文字效果要好得多，现在就用一个复杂一点的实例来对贴图类型进行一次全面的预习。

图 5-64 就是这个实例的最终效果图。这个实例涉及的基本材质有 Lambert、Phong、Layered Shader；涉及的贴图类型有 Snow、Leather、Rock、Ramp、Solid Fractal。

（1）打开教学资源（可到华信教育资源网下载，网址见前言）中的 5-3-snake.mb 文件，如图 5-65 所示，这个简陋的蛇身是由一个圆形和一条路径挤压而成的。

图 5-64

图 5-65

（2）首先创建一个 Lambert 材质，由于系统一般都会有一个默认的 Lambert1 材质，因此，刚刚创建的这个 Lambert 材质会被系统自动命名为 Lambert2，如果想使作图更规范化，可以对这个材质进行重新命名。重命名的方法是，在想要重新命名的材质上按住鼠标右键不放，在弹出的悬浮面板中执行 Rename 命令，再输入名称。

将刚刚创建的 Lambert2 材质指定给蛇身模型。接着在 Hypershade 窗口中双击 Lambert2 材质，打开它的属性面板。在材质属性面板中，单击 Color 属性后的贴图钮，在弹出来的贴图类型选择面板中，单击 3D Textures 组中的 Snow 贴图钮，为 Lambert2 材质的 Color 属性指定一张 Snow 贴图。随后对视图进行观察，发现视图的中央出现了一个绿色线框的立方体标志，这是其特有的 3D 材质节点，它是随着 Snow 贴图的创建而自动添加上去的，如图 5-66 所示。

图 5-66

打开 IPR 渲染窗口，对刚刚指定了 Lambert2 材质的模型进行渲染，发现模型此时分成了两部分，上面部分是白色，而下面部分是红色，如图 5-67 所示。

图 5-67

这就是 Snow 贴图的不同之处。它可以把物体的材质分为两个部分，一上一下。对于蛇皮这样的材质来说，上面应该是鳞甲，而下面的腹部则较为柔软，接下来就是把这上下两个材质分别调节为鳞甲和腹部的效果。

（3）单击 Hypershade 窗口中 Lambert2 材质的 Snow 节点，进入 Snow 贴图的属性面板。单击 Snow Color 属性栏后的贴图钮，在弹出来的贴图类型选择面板中，单击 3D Textures 组中的 Leather（皮革）贴图钮，如图 5-68 所示。

Leather（皮革）贴图，它的表面上有很强的纹理，很像鳄鱼的皮肤，因此选择它来作为鳞甲的贴图类型。虽然它的贴图类型名称称为 Leather（皮革），但并不等于它就只能做皮革的材质。利用它甚至可以模拟出大面积的混凝土，塑料泡沫，或者其他的一些质感。

图 5-68

（4）单击 Hypershade 窗口中鳞甲的节点，进入鳞甲的属性调节面板，调节 Cell Color（细胞颜色）为黄绿色。然后再来调节 Crease Color（折缝颜色）为一种较深的灰色。

设置 Cell Size（细胞尺寸）为 0.2，这个属性的值越大，鳞甲也会变得越大，反之则越小。现在希望有一个排列比较密集的鳞甲，因为蛇并不等同于鳄鱼，如图 5-69 所示。

（5）接下来调整腹部的材质，依然回到 Snow 贴图的属性调节面板中，在 Surface Color（表面颜色）属性中，单击其后的贴图钮，在弹出的贴图类型选择中，单击 3D Textures 组中的 Rock 钮，指定给 Surface Color 属性一个 Rock 贴图类型，如图 5-70 所示。

Rock（岩石）贴图类型也是一种比较特殊的贴图，它可以在表面上随意分布一些杂点，使物体的表面产生很多颗粒状的效果，很适合表现岩石之类的物体，对于一些需要表现细小颗粒的物体也相当实用。

图 5-69

图 5-70

（6）在 Rock（岩石）贴图的属性设置面板中，单击 Color1 后的贴图钮，在 2D Textures 组中再创建一个 Ramp 贴图，如图 5-71 所示。

图 5-71

（7）现在要对刚刚创建的 Ramp 贴图的属性进行一系列的调节。

在 Hypershade 窗口中单击刚刚创建的 Ramp 节点，进入其属性设置面板，调节其三个过渡的颜色为黑，黄，黑。调节的方法是单击颜色左边的小圆圈，如果单击右边的小方框就会删除这个颜色。然后在下面的 Selected Color 右侧的颜色框中，会显示出选择的颜色。单击颜色框，可以对颜色进行调节。

然后再在此属性面板的 Type 属性栏中，展开其下拉菜单，在其中选择 U Ramp，使颜色变为纵向渐变。再在 Type 属性下面 Interpolation 栏中，展开其下拉菜单，单击选择 Smooth 类型，如图 5-72 所示。

图 5-72

（8）在 Hypershade 窗口中单击 Rock 节点，在 Rock 的属性设置面板中，单击 Color2 右侧的颜色框，在弹出的颜色调节器中将其调节为亮黄色。

在下面的 Grain Size（颗粒大小）属性中，输入数值 0.4，按键盘的 Enter 键进行确定，这时会看到颜色过渡区产生了变化，增加了不规则的渐变效果，如图 5-73 所示。

图 5-73

这样，蛇皮的基本材质就差不多设定完毕了，但鳞甲与腹部皮肤之间的过渡太尖锐了，有一条明显的分界线，这在现实中是不可能存在的，还要对此进行调节。

（9）单击 Hypershade 窗口中的 Snow 贴图节点，打开它的属性设置面板，调节 Threshold 值为 0.2（默认值为 0.5），Depth Decay 值为 2.5（默认值为 5），如图 5-74 所示。

对比调节边缘过渡前后的区别，如图 5-75 和图 5-76 所示，调节以后的过渡面显得比较自然，而调节前是比较生硬的。

图 5-74

图 5-75

图 5-76

（10）接下来要为鳞甲上面的材质增加凹凸感。在 Hypershade 窗口中单击 Lambert2 材质，进入它的属性面板。单击 Bump Mapping 属性栏后的贴图钮，在弹出来的贴图类型选择面板中，单击 3D Textures 组中的 Snow 贴图钮。

展开 Snow 贴图的属性设置面板，用鼠标中键按住不放，将 Hypershade 窗口中的 Leather 节点拖到 Snow Color 属性上，使两个节点连接，如图 5-77 所示。

图 5-77

（11）调节 Snow 材质的属性参数，将 Surface Color 颜色调节为浅红色。调节 Threshold 值为 0.2（默认值为 0.5），Depth Decay 值为 0.33（默认值为 5），如图 5-78 所示。

图 5-78

图 5-79

调节完毕，渲染出来的效果如图 5-79 所示。

这样，蛇身的基本材质就调节出来了，但怎么看都觉得有些不协调，主要是蛇身表面太干净了，甚至一尘不染，而且也没有光泽感。下一步就要针对这些不足进行调节。

（12）由于要添加一些杂质上去，所以就要用到 Layered Shader 基本材质了。在 Hypershade 窗口中，创建一个 Layered Shader 基本材质。按住鼠标中键不放，将刚刚调节完毕的 Lambert2 材质拖到 Layered Shader 材质的层级框中，并将系统自动创建的那个绿色材质的层级删掉，如图 5-80 所示。

图 5-80

（13）现在要添加一个做杂质的材质作为 Layered Shader 的杂质层。在 Hypershade 窗口中，创建一个 Phong 基本材质。系统会自动给其命名为 Phong1。打开它的属性设置面板，在 Transparency（透明度）属性中单击贴图钮，在弹出来的贴图选择栏中，单击选择 3D Textures 组中的 Solid Fractal 贴图类型，如图 5-81 所示。

图 5-81

（14）进入 Solid Fractal 贴图的属性设置面板，调节 Threshold 值为 0.6，将其整体调白，即全部透明，主要是想要它具有高光的反射效果。调节 Amplitude 值为 0.75，并打开下面的 Color Balance 卷轴栏，将其中的 Default Color 调节为纯黑色，如图 5-82 所示。

图 5-82

（15）将 Phong1 材质用鼠标中键拖给 Layered Shader1 材质的层级框，并依然用鼠标中键将其拖到层级框的最前面，再将 Layered Shader1 材质赋予视图中的蛇身模型。

这时对模型进行渲染。会发现蛇身出现了一道比较强烈的高光，这就是加上 Phong1 材质以后的作用，蛇身的光泽感已经出来了，如图 5-83 所示。

图 5-83

（16）回到 Phong1 材质的属性设置面板，在 Hypershade 窗口中将刚刚创建的 Solid Fractal 贴图用鼠标中键拖到 Bump Mapping 属性的贴图钮上，增加一些凹凸效果，如图 5-84 所示。

图 5-84

（17）回到 Phong1 材质的属性设置面板，打开 Specular Shading（高光设置）卷轴栏，调节 Specular Color（高光颜色）为纯白色，使高光强烈一些。再将 Reflectivity（反射率）值调节为 0.9，如图 5-85 所示。

这样，一个完整的蛇皮材质就制作完毕了，这里涉及了很多还没有介绍过的知识，为接下来系统阐述贴图类型起到预习的作用。这个实例的源文件是教学资源（可到华信教育资源网下载，网址见前言）中的 5-3-snake-ok.mb 文件。

本实例最后的材质节点如图 5-86 所示。

图 5-85

图 5-86

本实例的最终渲染效果如图 5-87 所示，注意蛇身上的高光部分，尤其是那些散乱的高光，这是实例的重点。

图 5-87

5.4　Maya 贴图类型

经过前面对贴图的预习，大家应该对于贴图这个名词已经不会感到陌生了。这一节的作用就是让大家对贴图有一个系统的了解和学习。

贴图的作用在前面几个实例中已经体现出来了。它们主要是在材质上添加各种各样的纹理图案，以及进行颜色、高光、亮度等属性的模拟，甚至改变模型自身的形状和形态（比如 Bump 凹凸贴图）。它们的存在，给了模型不同的质感甚至细节，它们是一件优秀三维作品中必不可少的元素，因此，掌握它们的使用方法并将其熟练使用，不仅是必要的，也是必需的。

5.4.1 2D Texture（二维贴图类型）

Bulge 贴图：这是由一格一格的小方块和它们之间的分界线所组成的贴图类型，如图 5-88 所示。小方块和分界线之间的过渡很柔和，如图 5-89 所示是将一个 Bulge 贴图贴到一个球体上的效果。

图 5-88   图 5-89

Bulge 贴图在很多时候都被用做材质的 Bump 凹凸贴图，因为柔和的边界使凹凸过渡很柔和，如图 5-90 所示。但有时候针对它的某些特殊属性进行调节，也会出现一些意想不到的效果。图 5-91 就是调节了 Bulge 贴图的贴图坐标中的 Rotate UV（旋转 UV 坐标）和 Noise UV（UV 坐标杂点）属性以后所显示出来的效果。

图 5-90   图 5-91

Checker 贴图：它是由黑、白两种颜色的方格组成的贴图形式。从表面上来看颇像国际象棋中的棋盘，它的名字也由此而来。

Checker 贴图由于它交错的方格排列方式，很适合表现地板砖，以及其他一些近似的效果。也可以将两种方格换成其他颜色或纹理，然后进行一些柔和处理，做成比较复杂的纹路。图 5-92 是 Checker 贴图的原始样子。图 5-93 是把默认的 Checker 贴图指定给模型后所产生的效果。

图 5-92

图 5-93

File 贴图: 即文件贴图,使用一幅数字图片作为贴图指定给物体。它可以最大限度地将 Maya 的材质功能发挥到极限。可以通过扫描仪将图片输入电脑作为贴图使用,还可以通过数码相机将一些现实中的景像拍下来,输入电脑,作为贴图来使用。

它的使用方法是创建一个 File 贴图文件以后,单击贴图文件属性面板中的 Image Name 后的文件夹小图标,在自己或别人的电脑中寻找贴图文件,也可以在 Image Name 属性后的输入栏中输入贴图文件所在的路径,如图 5-94 所示。

图 5-94

图 5-95 是一张地球的贴图,是教学资源(可到华信教育资源网下载,网址见前言)中的 Earth.tga 文件。图 5-96 和图 5-97 分别是将这个贴图文件赋予一个球体模型前后的结果,从中可以看到 File 文件的强大之处。

图 5-95

图 5-96　　　　　　　　　　　　　　　　　图 5-97

Fractal 贴图：直接翻译过来就是不规则的碎片的意思，如图 5-98 所示。Fractal 贴图在很多时候都不会作为材质的 Color 贴图，即便有也是做烟雾熏烧的质感时候才用得到。绝大多数的时候，Fractal 贴图都被用来做材质的 Bump 贴图，模拟出一些不规则的凹凸质感，如图 5-99 所示，前面所做的矿石实例就是用它来模拟出石头的凹凸不平的质感的。

图 5-98　　　　　　　　　　　　　　　　　图 5-99

Grid 贴图：这也是一个由一格一格的小方块和分界线所组成的贴图类型，如图 5-100 所示。Grid 贴图有些类似于前面的 Bulge 贴图，但经过比较会看到，Grid 贴图不像 Bulge 贴图那样有柔和的过渡，如图 5-101 所示。

图 5-100　　　　　　　　　　　　　　　　图 5-101

Grid 贴图一般作为 Color 贴图的用途不是很大，它在做 Bump 贴图的时候很适合于表现瓷砖间隙的凹凸。甚至它还可以作为 Transparency（透明）属性的贴图，模拟一些网格状的物体。

Mountain 贴图：顾名思义，Mountain 贴图很适合表现山脉上的质感，如图 5-102 所示，而且配上 Bump 贴图增加了整体的凹凸感以后，效果会更加逼真。它还适合表现雪在地上快要融化的情景，当然，依然要搭配上 Bump 贴图。

其实，它作为 Color 属性的贴图，经过一些细微的调整，还可以表现出一些其他的质感，例如鹌鹑蛋表面的质感，这是将 Amplitude 值调到了 0.4 以后所表现出来的结果，如图 5-103 所示。

图 5-102

图 5-103

Movie 贴图：它是为了制作动画而使用的连续贴图，如图 5-104 所示。它可以将连续的图片导入场景，然后进行播放，很适合制作正在播放的电视机屏幕的贴图。

它可以导入一般的视频格式，导入的方法和 File 贴图文件一样。具体方法依然是单击 Movie 文件属性面板中的 Image Name 后的文件夹小图标，也可以直接输入视频文件所在的路径，如图 5-105 所示。

图 5-104

图 5-105

Noise 贴图：这是一个表现不规则杂点的贴图类型，如图 5-106 所示。其实很多贴图类型中也包含了这些，例如 Fractal 贴图、Mountain 贴图都有这种不规则的属性。但如果仔细观察就会发现，Noise 贴图的杂点是由大小不一的杂点组成，注意这个大小不一的属性，这是它和其他贴图类型区分开的本质之一，而且它的杂点大都为圆形，如图 5-107 所示。

图 5-106

图 5-107

Water 贴图和 Ocean 贴图：由于这两个都是做水的贴图，因此将两个贴图类型放在一起进行对比的介绍。从图 5-108 的 Ocean 贴图的原始状态和图 5-109 的 Water 贴图的原始状态可以看出，Ocean 贴图较之于 Water 贴图平缓但富于变化，Water 贴图各个色调之间对比度较强。

图 5-108

图 5-109

其实这两个材质基本都是用来做 Bump 贴图来使用的，目的是表现水波的流动和变化。在做水面的颜色时，基本都要加上光线跟踪的属性，这也是一个很重要的属性，在后续的内容中会比较详细地介绍它。

Ocean 材质是 Maya 升级以后才加上去的。从基本材质到贴图类型都增加了一个 Ocean（海洋），这也说明了 Maya 对海洋的重视程度，从图 5-110、图 5-111、图 5-112 中可以看到 Water 贴图、Ocean 贴图和 Ocean 材质的属性设置面板，从中也可以看到它们的一些区别和联系。

图 5-110

图 5-111

图 5-112

Ramp 贴图：是一种制作渐变效果的贴图类型。建立一个 Ramp 贴图类型以后，系统自动默认的就是蓝、绿、红三种颜色的渐变效果，如图 5-113 所示。

Ramp 贴图具有 9 种不同的混合类型和 7 种不同的混合方式，颜色也可以进行变化很大的调整，如图 5-114 所示是它的三种不同的混合方式，全部都是默认方式。

图 5-113

图 5-114

Cloth 贴图：它主要是用来模拟布料的质感。从图 5-115 中创建的原始 Cloth 材质，以及图 5-116 中将 Cloth 贴图指定给模型的效果中就可以看出来，Cloth 材质的纤维感很强，对其密度进行一些调节就可以模拟出布料的质感。

图 5-117 是用 Checker 贴图加上 Cloth 贴图模拟出来的布料质感，并运用了 Bump 贴图来模拟布料中一些很细小的缝隙，以增加布料的真实感。图 5-118 是这个效果的材质节点网。

图 5-115

图 5-116

图 5-117

图 5-118

（3）下图为 Cloth 贴图的属性参数，电阻的颜色是由 Color 属性的 H、S、V 决定，24.57，0.2、0.4 V 的 Color 值为 H、S、V 为 24.57、0.2、0.4，如图 5-122 所示。

5.4.2　Cloth 贴图的新用途 ——光雾效果

其实 Cloth 贴图不光能够模拟布料，还可以做出很多奇特的效果，图 5-119 就是用一个球体，以及使用了 Blinn 基本材质加上 Cloth 贴图所做出来的效果。

（1）首先创建一个 Nurbs 球体，在 Hypershade 窗口中新建一个 Blinn1 基本材质，并将这个新创建的 Blinn1 材质指定给模型，如图 5-120 所示。

（2）打开 Blinn1 材质的属性面板，单击 Color 属性后的贴图钮，为 Blinn1 材质指定一个 Cloth 贴图，如图 5-121 所示。

图 5-119

图 5-120

图 5-121

（3）下面先对 Cloth 贴图的基本颜色做一些调整。调节 U Color 的 H、S、V 值为 24.37、0.2、1；V Color 的 H、S、V 值为 181.07、0.3、1，如图 5-122 所示。

图 5-122

（4）接下来调节 Cloth 条纹的粗细。在 Cloth 贴图的属性设置面板中，调节 U Width 为 0.14，调节 V Width 为 0.116，这时可以看到，Cloth 贴图中表现布料中纤维的那两根线已经变细了，如图 5-123 所示。

（5）现在的 Cloth 贴图太规整了，接下来就要把它打乱。调节 Cloth 贴图属性设置面板中的 Randomness 值为 1，这样 U、V 两个轴向上的线都被扭曲了，这正是想要的特殊效果。再来把 Bright Spread 值也调节为 1，使整个 Cloth 贴图更暗一些，如图 5-124 所示。

（6）现在的杂乱度倒是够了，但是线太少了，无法达到所希望的效果。进入 place2dTexture1 节点，将 Repeat UV 值都改为 10，让它们重复 10 次，再来看 Cloth 贴图，可以发现上面的线多了起来，如图 5-125 所示。

图 5-123

图 5-124

图 5-125

（7）进入 Blinn1 材质的属性设置面板，打开它的 Specular Shading 卷轴栏，调节 Eccentricity 值为 0.5，使它的高光变得更大一些。分别调节它的 Specular Color 和 Reflected Color 为纯白色，如图 5-126 所示。

图 5-126

（8）展开 Blinn1 材质属性面板中的 Special Effects（特殊效果）卷轴栏，勾选其中的 Hide Source 前面的小方框，这时如果进行渲染，会发现渲染出来的图像里面什么都没有，这是因为没有给它指定一张 Glow Intensity 贴图的原因。

在 Hypershade 面板中，用鼠标中键将 Cloth 贴图拖到 Glow Intensity 属性的贴图钮上，再来对视图中的场景渲染，会发现效果已经出来了，如图 5-127 所示。

图 5-127

Glow Intensity 的特殊属性如下：

这个 Special Effects 不仅仅是 Blinn 材质的一个特有的属性，也是其他材质基本都有的一个特殊属性。

如果不勾选其中的 Hide Source 前面的小方框，仅仅是调节 Glow Intensity，会产生类似于自发光的效果，即在周围出现大量的光晕，而物体本身也会发出光亮。

如果勾选其中的 Hide Source 前面的小方框，就可以使模型隐藏，只显示出光晕的效果。

（9）接着在 Blinn 材质的属性设置面板中，调节 Diffuse 值为 1，使它变得更鲜亮一些，如图 5-128 所示。

图 5-128

这时全部的调节工作都已经做完了，最后调节好的效果如图 5-129 所示。

这个实例只是在介绍 Cloth 贴图的基础上，多介绍一种 Cloth 贴图的用法。其实，其他贴图都有这样的用途，至少不要把思维局限在它们的名字上。

本实例的源文件是教学资源（可到华信教育资源网下载，网址见前言）中的 5-4-Cloth-ok.mb，可以打开它进行参考。

图 5-129

5.4.3　3D Texture（三维贴图类型）

在 Maya 的贴图类型中，2D Texture（二维贴图类型）就像一块布，包在模型的外面；而 3D Texture（三维贴图类型）却让模型从内至外全部都是它的质感，这就像一块石头，你把它敲开来裸露出来的依然是石头的质感，而如果把一块石头镀上一层金，那么从外表上看这是一块金子，但是把外表敲开以后就会裸露出石头的真实质感，这层镀金只能影响石头的表面而不能影响石头内部，这就是 2D Texture（二维贴图类型）有别于 3D Texture（三维贴图类型）的地方。

当创建一个三维材质类型的时候，在视图中央会出现一个绿色线框的小立方体标志，这就是三维贴图类型自带的贴图坐标，与之对应的是在材质编辑器 Hypershade 中，与贴图一起创建出来的 place3dtexture，如图 5-130 所示。

3D Texture（三维贴图类型）的使用方法与 2D Texture（二维贴图类型）基本一致，都是作为材质属性的贴图而进行编辑和操作。

Brownian 贴图：大多数情况下，Brownian 贴图都被用来做材质 Bump（凹凸）属性的贴图，能产生较强的喷涂效果，可以把它看做是三维贴图中的 Noise 贴图类型。它的大小不一、时断时续的点可以使物体表面产生很强的颗粒感，从而达到令人满意的效果。

图 5-130

Brownian 贴图刚刚被创建出来的原始样子是黑白两色，并且中间有一些轻微过渡，如图 5-131 所示。当然也可以将它用到其他材质属性的贴图当中，并可以对它本身的颜色及过渡色进行调节，如图 5-132 所示。

图 5-131   图 5-132

Crater 贴图：这是一种不同的颜色混合在一起的贴图类型。Crater 贴图创建的原始状态是由红、绿、蓝三种颜色进行混合的，如图 5-133 所示。图 5-134 是 Crater 贴图直接贴上去并加上了一些 Bump 贴图后的效果。

图 5-133   图 5-134

对 Crater 贴图进行一番调整会出现一些与众不同的效果，如图 5-135 所示是用 Crater 贴图来模拟天空的效果。

图 5-135

Granite 贴图：直接翻译过来就是花岗岩贴图，它上面有许多不规则的颗粒，用来做花岗岩很适合。如图 5-136 所示是默认的 Granite 贴图；如图 5-137 所示是将 Granite 贴图指定给模型以后的形态。

图 5-136

图 5-137

Leather 贴图：直接翻译过来就是皮革贴图的意思。如图 5-138 所示是默认的 Leather 贴图。它很适合表现皮革上细微的褶皱，甚至可以表现出动物身上的皮肤。它一般都用来做 Bump 贴图，前面的蛇皮实例就用到了 Leather 贴图，如图 5-139 所示。

图 5-138

图 5-139

Marble 贴图：它是模拟天然大理石的贴图类型。它的默认状态如图 5-140 所示。图 5-141 是调节了一些参数后所表现出来的质感。

图 5-140

图 5-141

Rock 贴图：是模拟岩石的一种贴图纹理，表面上的颗粒可以随意调节数量及大小，将它用于 Bump 属性的贴图，可以比较轻松模拟出岩石表面由于风吹日晒所出现的颗粒感。图 5-142 是未加任何调节的 Rock 贴图，图 5-143 是指定给模型的 Rock 贴图。

图 5-142　　　　　　　　　　　　　　　　　　　　图 5-143

Snow 贴图：它是分为上下两种颜色的贴图类型。在前面的蛇皮材质实例中，就是因为蛇上半部分是鳞甲，下半部分却是腹部较白的质感，因此就用到了 Snow 材质。图 5-144 是默认的 Snow 贴图，图 5-145 是赋予了模型的 Rock 贴图，看它的反光确实出现了一些其他贴图中不可能出现的效果，尤其是顶部发白，如果运用到山脉的模型上确实能出现一种积雪的效果。

图 5-144　　　　　　　　　　　　　　　　　　　　图 5-145

Solidfractal 贴图：这也是一个用来做不规则纹理的贴图类型，适合于模仿自然的污痕。由于它的纹理有虚化的边缘，因此也很适合表现一些烟雾甚至烟熏过的状态。而它作为 Bump 贴图也是有着很强的作用。图 5-146 是默认的 Solidfractal 贴图，图 5-147 是指定给模型的 Solidfractal 贴图，稍微加了一些发光的特效。

图 5-146　　　　　　　　　　　　　　　　　　　　图 5-147

Stucco 贴图：乍一看和介绍过的 Crater 贴图很相像。但对它们进行一番比较以后就会发现，Crater 贴图是由三种颜色混合而成的，而现在要介绍的这个 Stucco 贴图则是由两种颜色进行混合而成的。虽然这仅仅只是一种颜色上的区分，但却构成了两个不同的纹理贴图。图 5-148 是默认的 Stucco 贴图，图 5-149 是指定给模型的 Stucco 贴图，并加上了一些凹凸的效果。

图 5-148

图 5-149

Volume Noise 贴图：可以看做是 3D Texture（三维贴图类型）中的 Noise 贴图纹理。大量无规则分布的杂点的特点，使这个纹理贴图经常被用在 Bump 属性栏上。用它来模拟表面比较密集的凹凸颗粒感非常合适，甚至可以将它的颗粒密度调高，模拟不锈钢表面的轻微颗粒感。图 5-150 是默认的 Volume Noise 贴图，图 5-151 是指定给模型的 Volume Noise 贴图，可以仔细地观察一下它的颗粒感。

图 5-150

图 5-151

Wood 贴图：是用来模拟木纹质感的一种贴图纹理。由于它的可调节参数很多，甚至可以根据设定的树木年轮而调节木头的质感。因此在做一些高分辨率的图像时，它作为软件内部的程序贴图是经常被用到的。图 5-152 是默认的 Wood 贴图，图 5-153 是指定给模型的 Wood 贴图。

图 5-152

图 5-153

Cloud 贴图：它可以模拟天空中云彩的效果，或用来模拟其他的一些烟雾效果。它的互动性很强，不一样的参数设置能够变化出多种不同的形态。

Cloud 贴图刚刚创建出来就是云彩的样子，如图 5-154 所示。一般情况下，Cloud 贴图是配上 Env Sky 环境贴图来进行使用的，这会使得它的效果更加接近于真实，图 5-155 就是这样创建出来的。

图 5-154

图 5-155

5.4.4 Cloud 贴图实例——创建天空效果

本实例的最终效果如图 5-156 所示。

这个实例将涉及一些没有学过的东西，包括摄像机背景平面的创建，以及"环境贴图"中的 Env Sky 贴图类型。

图 5-156

（1）首先执行主菜单 Create（创建）→Cameras（摄像机）→Camera（摄像机）命令，创建一台摄像机，并用移动和旋转工具将其调节到如图 5-157 所示的位置。

图 5-157

（2）在透视图的菜单上，执行 Panels→Perspective→Camera1 命令，将视图变为摄像机的视图，如图 5-158 所示。变为摄像机视图以后，视图下本来是 Persp（透视图）的显示字样就会变为 Camera1（摄像机 1 视图）的显示字样。按键盘的"Ctrl＋A"组合键，打开摄像机的属性设置面板，展开其下面的 Environment（环境）卷轴栏，单击 Image Plane 后的"Create"按钮，创建一个纹理背景，如图 5-159 所示。这时，会看到摄像机视图中央出现了一块显示为一个叉的线框面板，这就是创建的背景面板，如图 5-160 所示。

| 图 5-158 | 图 5-159 | 图 5-160 |

（3）在刚刚创建的背景平面的属性设置面板中，打开 Image Plane Attributes（背景面板属性）卷轴栏，在 Type（类型）的下拉菜单中选择 Texture（贴图类型），如图 5-161 所示。这样，就使得背景的贴图由文件贴图类型变为程序贴图类型。选择完毕，Texture 属性会由原先的灰色不可操作状态变为正常的可操作状态。单击其后的贴图钮，如图 5-162 所示。在弹出的贴图类型选择面板中，单击为背景面板创建一个 Env Sky（环境天空）贴图，如图 5-163 所示。

| 图 5-161 | 图 5-162 | 图 5-163 |

如果无法选中背景平面，就需要打开 Hypershade 面板，在最上面单击进入 Cameras 组，就可以看到 imagePlane1，单击选中它，就可以对其进行调整了，如图 5-164 所示。

图 5-164

环境贴图是 Maya 贴图类型中比较特殊的一种贴图方式。在 Maya 中，这些环境贴图一共有 5 种不同的类型。这 5 种类型分别是 Env Ball、Env Chrome、Env Cube、Env Sky、Env Sphere。它们在 Hypershade 中的位置就在 3D Texture（三维贴图类型）组的下面，如图 5-165 所示。

图 5-165

它们都是配合着其他贴图来使用，主要用于模拟周边的环境。

（4）现在将摄像机视图调整为如图 5-166 所示的位置，然后进行渲染，会发现背景面板上仅仅贴了一个 Env Sky（环境天空）贴图，渲染出的效果有了一些变化，陆地和天空已经初步被划分出来了，如图 5-167 所示。

图 5-166

图 5-167

在 Hypershade 窗口中双击 envSky1 贴图节点，打开它的属性设置面板。在 Atmospheric Settings（大气参数设置）卷轴栏中，将最上面的 Sky Brightness（天空明亮度）调节成纯白色，让天空亮起来。再将 Air Density（空气密度）调节为 0.5，Dust Density（沙漠密度）调节为 0.1，进行渲染，发现整个天空和陆地都亮了起来，如图 5-168 所示。

图 5-168

上面的 Sky Brightness（天空明亮度）是调节贴图中天空部分的亮度的，Air Density（空气密度）是调节贴图中由于空气浓度而产生的视觉变化的，Dust Density（沙漠密度）则是贴图中陆地部分的参数。

（5）在 envSky1 贴图的属性设置面板中，打开下面的 Cloud Attributes（云彩参数）卷轴栏，现在要为这个场景中加入云彩。勾选 Use Texture（使用纹理贴图）前面的小方框，再单击 Cloud Texture（云彩纹理贴图）后的贴图钮，在弹出的纹理贴图选择面板中，单击 envSky1 贴图节点创建 Cloud 贴图，如图 5-169 所示。

图 5-169

（6）仅仅创建一个 Cloud 贴图类型是不够的。依然回到 envSky1 贴图的属性设置面板，在 Cloud Attributes（云彩参数）卷轴栏中，调节 Density（密度）为 5，Threshold 参数为 0.65，Altitude（海拔）为 0.3，Halo Size（光晕大小）为 50，如图 5-170 所示。

图 5-170

（7）在 Hypershade 窗口中，单击 envSky1 的三维坐标节点 place3dTexture1，进入其属性设置面板，将其参数 Scale X，Y，Z 都改为 10。

随后再单击 cloud1 的三维坐标节点 place3dTexture2，进入其属性设置面板，将其参数 Scale X，Y，Z 都改为 8，进行渲染，观察并对比调节前后的效果会发现：云层变得更加细腻，富于变化了。这就是三维贴图坐标的作用，如图 5-171 和图 5-172 所示。

图 5-171   图 5-172

（8）但这样的效果依然难以令人满意，原因是天空似乎太暗了些，地面的颜色也黑糊糊的，接下来就要针对这些进行调整。

依然在 envSky1 贴图节点的属性设置面板中，打开其 Sun Attributes（太阳参数）卷轴栏，将最上面的 Sun Brightness（太阳照明亮度）调节成纯白色，让天空继续变得亮起来。将 Elevation（海拔）调节为 75，Azimuth（方位）调节为 90，Size（大小）改为 5。并修改下面的 Floor Attributes（地面参数）卷轴栏中的 Floor Altitude（地面海拔）为−100，如图 5-173 所示。

图 5-173

最终渲染效果如图 5-174 所示。

本实例的源文件在教学资源（可到华信教育资源网下载，网址见前言）中，文件名为 5-4-sky-ok.mb。如果还有兴趣，可以将地面调节为海洋或是陆地等，方法就是在 Floor Attributes（地面参数）卷轴栏中 Floor Color（地面颜色）属性中，单击后面的贴图钮创建材质进行调节。

图 5-174

5.5 材质综合实例——燃烧的圆环

实例的最终效果如图 5-175 所示，其操作步骤如下：

（1）首先打开教学资源（可到华信教育资源网下载，网址见前言）提供的 5-5-fire.mb 文件，观察里面有一个 Nurbs 的圆环体，还有三面将它包围的 Nurbs 建模的平面。除此之外还有一盏 Spot Light 和一盏 Ambient Light，另外还有一架摄像机，如图 5-176 所示。

图 5-175

（2）创建一个 Lambert 材质，并将它命名为 Wall。重命名的方法是鼠标右键按住想要重新命名的材质球不放，在弹出的悬浮菜单中执行 Rename 命令，然后就可以输入想要命名的名称了。

打开 Wall 材质的属性设置面板，单击 Bump Mapping 属性后的贴图钮，单击 Fractal 贴图纹理，然后将 Wall1 材质球指定给站立着的那两面墙壁，这是为了给墙壁创造一种斑驳的效果，如图 5-177 所示。

（3）进入 Fractal 贴图的属性设置面板，调节它的 Threshold 值为 0.5，使它的杂乱面积变得小一些，如图 5-178 所示。

进入 Fractal 贴图纹理的贴图坐标节点，即 Hypershade 窗口中的 Place2dTexture1 节点，调节它的 Repaet UV（UV 轴向重复值）为 0.1，如图 5-179 所示。

图 5-176

图 5-177

进入 Hypershade 窗口中 bump2d1 节点的属性设置面板，调节它的 Bump Depth（凹凸深度）值为 0.7，使凹凸的深度变浅，毕竟墙壁上可没有很深的凹痕，如图 5-180 所示。

调节完毕可以对视图进行渲染，会发现墙壁上开始有一些斑驳的痕迹，如图 5-181 所示，这也是 Fractal 贴图纹理一个很常用的用途——用于墙壁斑驳效果的制作。

（4）接下来要调节本实例的重点——圆环的材质了。

创建一个 Lambert 材质，并将其重命名为 Cirque，指定给圆环体。打开 Cirque 材质的属性设置面板，单击 Color 后面的贴图钮，单击最上面的 Utilities（总体特效工具）组，在 Color Utilities（颜色特效工具组）卷轴栏下单击创建一个 Blend Colors（颜色混合）纹理节点，由于 Blend Colors 纹理节点默认是红色和蓝色的混合，因此在的物体上显现出来的颜色就是紫色，如图 5-182 所示。

图 5-178

图 5-179

图 5-180

图 5-181

图 5-182

Utilities（总体特效工具）是为了真实的物理计算而存在的一种纹理节点。当它单独存在的时候一般不会对物体产生什么影响，必须依靠着其他的贴图纹理节点才能显现出效果。它似乎更像是一种程序，将其他贴图纹理按照一定的规则进行结合。

由于它的类型有几十个之多，因此本书就不再对其进行一一的系统介绍了，只在一些实例中涉及一部分很常用的类型，图5-183就是部分Utilities（总体特效工具）。

图 5-183

（5）打开刚刚创建的 Blend Colors（颜色混合）纹理节点的属性设置面板，单击 Color1 后的贴图钮，创建一个 Crater 材质，并打开它的属性设置面板，调节 Channel1 为纯红色，调节 Channel2 为纯白色，调节 Channel3 的 HSV 值为 38，1，1。调节 Balance（颜色平衡）值为 1，Frequency（发生次数）值为 5。打开 Normal Options 卷轴栏，调节 Norm Depth 为 10，Norm Melt 为 0.6，Norm Frequency 为 2.5，如图 5-184 所示。

图 5-184

（6）返回 Blend Colors（颜色混合）节点的属性设置面板，单击 Color2 后的贴图钮，创建一个 Granite 纹理贴图，并打开它的属性设置面板，调节 Color1 的 HSV 值为 45，1，1；调节 Color2 的 HSV 值为 2.5，1，0.8；调节 Color3 的 HSV 值为 60，1，1；再调节 Filler Color 的 HSV 值为 30，1，1。调节 Cell Size 值为 0.18，Mix Ratio 值为 0.4，渲染可以看到两种不同的材质所形成的效果已经被混合在一起了，如图 5-185 所示。

（7）返回 Cirque 材质的的属性设置面板，单击 Transparency（透明属性）后的贴图钮，创建一个 Crater 纹理贴图。

在 Crater 贴图的属性设置面板中，调节 Channel1，2，3 分别为黑，黑，白三种颜色。并调节 Frequency（发生次数）值为 5。渲染后会发现视图中的模型已经变成了颗粒状。如图 5-186 所示。

图 5-185

图 5-186

（8）现在的调节结果并不令人满意，因为它的颗粒感太重了。接下来的调节就是针对这点来进行的。

在 Hypershade 窗口中分别单击选择刚刚创建的三种贴图纹理的坐标节点，进入它们的属性设置面板。设置 Blend Colors（颜色混合）的 Crater 贴图和 Granite 贴图坐标的 ScaleX，Y，Z 都为 7.5。设置作为 Transparency（透明属性）的 Crater 贴图 ScaleX，Y，Z 都为 10，如图 5-187 所示。

图 5-187

（9）在 Hypershade 窗口中按住鼠标中键不放，将作为 Transparency（透明属性）贴图的 Crater 贴图节点拖到 Cirque 材质的 bump mapping 上，使它成为 Cirque 材质的 Bump 贴图，给模型增加一些凹凸感，如图 5-188 所示。

图 5-188

（10）现在，材质部分就几乎创建完毕了，但现在模型的效果依然很普通，没有达到刚才看到的最终效果图中火的感觉。

返回 Cirque 材质的属性设置面板，打开 Special Effects（特殊效果）卷轴栏，将 Glow Intensity（发光强度）值调节为 0.72，然后再对模型进行渲染，发现效果已经出来了，不仅物体本身发出了耀眼的光亮，而且在物体四周有了一圈明显的光晕，如图 5-189 所示。

在设置 Glow Intensity（发光强度）的时候要注意，这个值一般情况下不要设置太高，因为数值一旦太高，虽然能使物体的发光强度增大，但也会使物体本身丧失更多的细节。

图 5-189

这就是这个实例的全过程了，如果有不是很清楚的地方可以打开教学资源（可到华信教育资源网下载，网址见前言）中所提供的 5-5-fire.mb 文件。

本 章 小 结

这一章比较系统和全面地介绍了 Maya 的基本贴图纹理类型，但要注意的是：在做一些极为优秀的影片时，Maya 内部的程序贴图并不一定都是主角，为了表现出真实的感觉，往往使用高分辨率的外部图像文件。在自己做练习的时候，要有意识的练习一下程序贴图与外部贴图结合使用的方法，并多注意收集一些高分辨率的外部贴图文件。

思 考 题

结合前面所学到的建模知识，把自己的学习或工作空间，在 Maya 中表现出来。

第6章　材质的实际应用案例

6.1　贴图控制模型实例——逼真的树叶

现在使用一张贴图，就能完成一片树叶模型的制作。

（1）使用 Photoshop 打开教学资源（可到华信教育资源网下载，网址见前言）中的 **LEAF_C.tif** 图片，先使用魔术棒工具，单击图片中的白色区域，填充为黑色，再反选，将树叶部分填充为白色，另存为 **LEAF_t.tif**。

继续回到刚打开 **LEAF_C.tif** 图片时的状态，调节图片的对比度，使树叶的叶脉更加清晰，并另存为 **LEAF_b.tif**，如图 6-1 所示。

LEAF_C.tif　　　　LEAF_t.tif　　　　LEAF_b.tif

图 6-1

（2）打开 Maya，新建一个 Polygon Plane 模型，并设置片段数为 10×10。执行 Window→Rendering Editors→Hypershade，在 Hypershade 左侧 Create Maya Nodes 下单击 Blinn，创建一个 Blinn 材质球，如图 6-2 所示。

图 6-2

（3）双击 Blinn 材质球，打开它的属性设置面板，单击 Color 后的黑白格子贴图钮，在弹出的 Create Render Node（创建渲染节点）面板中单击 File，这时面板会自动切换到 File 节点的设置。单击 Image Name 后的文件夹图标，在教学资源（可到华信教育资源网下载，网址见前言）中找到 LEAF_C.tif 图片，双击确认，如图 6-3 所示。

（4）在 Hypershade 窗口中，使用鼠标中键将调好的 Blinn 材质球拖到 Plane 模型上，按键盘的"6"键，使场景显示贴图效果，可以看到树叶已经贴在 Plane 模型上了，如图 6-4 所示。

图 6-3

图 6-4

（5）现在我们需要把模型的白色部分去掉。在 Hypershade 窗口中双击 Blinn 材质球，单击 Transparency（透明）后的贴图钮，在弹出的面板中单击 File，将先前制作好的 LEAF_t.tif 图片指定给它，如图 6-5 所示。

图 6-5

（6）单击菜单栏中的渲染设置按钮，并打开渲染设置面板，将 Maya Software 面板中的 Quality（渲染品质）设置为 Production Quality（产品品质），单击渲染会看到，树叶白色部分模型已经被消除了，但还是有白色的反光，如图 6-6 所示。

图 6-6

如果渲染发现透明正好反了，即白色部分依然存在，只是树叶部分透明了，可以进入 File 节点，在 Effects 卷轴栏下勾选 Invert（反相）即可。

（7）在 Hypershade 窗口中，使用鼠标右键按住 Blinn 材质球不要松手，在弹出的面板中单击 Graph Network，展开材质球的所有网格节点，使用鼠标中键将 LEAF_t.tif 所在的 file 节点拖到 Specular Roll Off 属性上，如图 6-7 所示。

图 6-7

Specular Roll Off 属性是控制反光的强度，即白色是反光极强区域，黑色则是反光已经弱到看不到的区域。这时渲染场景会看到，白色部分的反光已经消除了，如图 6-8 所示。

图 6-8

（8）继续在 Blinn 材质的属性面板中，单击 Bump Mapping（凹凸贴图）后的贴图钮，将 LEAF_b.tif 指定给它，渲染会看到，树叶的凹凸质感出现了，但现在凹凸强度似乎太重了，如图 6-9 所示。

图 6-9

（9）在 Hypershade 窗口中，打开 Blinn 材质球的 Graph Network，找到 bump 节点，双击进入它的设置面板，将 Bump Depth（凹凸深度）值由默认的 1 调整为 0.2，如图 6-10 所示。

最后完成的文件是教学资源（可到华信教育资源网下载，网址见前言）中的 6-1-leaf-ok.mb，渲染效果如图 6-11 所示。

图 6-10

图 6-11

6.2 File 文件贴图实例——破旧的锁

打开教学资源（可到华信教育资源网下载，网址见前言）中的 6-2-lock.mb 文件，这是一把锁的模型，接下来要为它添加材质，如图 6-12 所示。

图 6-12

（1）打开 Hypershade 窗口，单击左边栏里的 Phong 材质，这时窗口的右侧编辑框内会出现一个全新的 Phong1 材质球。用鼠标中键按住 Phong1 材质不放，将它拖动给锁柄物体。也可以先选择锁柄物体，然后在这个 Phong1 材质上单击鼠标右键不放，选择 Assign Material To Selection，将材质指定给被选择物体，如图 6-13 所示。

图 6-13

（2）打开 Phong1 材质的属性面板，单击 Color 后的贴图钮，在弹出的选择材质类型面板中单击 File 按钮，再单击 File 层级的 Image Name 后的文件夹标志，选择教学资源（可到华信教育资源网下载，网址见前言）提供的 6-1-1.jpg 图片，如图 6-14 所示。

（3）这张材质图并非真实的铁锈，放在这里有些斑驳的感觉，虽然合适，但它的表面似乎太光滑了，完全没有铁锈的那种凹凸和粗糙感，而且高光过于强烈，不像铁锈，倒像是一种光滑的有纹理的石头，如图 6-15 所示。

（4）首先双击 Hypershade 窗口中的 Phong1 材质球，单击 Bump Mapping 后的贴图钮，在弹出来的选择材质类型面板中单击 Fractal 材质，如图 6-16 所示。

图 6-14

图 6-15

图 6-16

（5）调整完以后再来一次渲染以检查效果，发现锁柄的材质发生了明显的凹凸变化，高光也变得零零碎碎，从高光形状的角度来说效果还是不错的。但现在还有一个问题，就是高光似乎过于亮了，有铁锈的物体是不会像不锈钢一样有强烈高光的，如图 6-17 所示。

图 6-17

（6）双击 Hypershade 窗口中的 Phong1 材质球，在它的 Specular Color 选项中单击它前面的颜色块，使它的颜色调节面板弹出来，然后在颜色调节面板中把高光颜色调暗一些，并使它的色调偏黄。一般来说金属的高光，只有那些不锈钢之类的光滑金属会有极其强烈的高光，而带有大量铁锈的金属只会因为光滑度下降，使得高光不再强烈。由于铁锈偏黄，也使得高光多多少少受到黄色调的影响，因此才把高光调暗，调黄，如图 6-18 所示。

图 6-18

（7）接下来调节锁身材质，在 Hypershade 窗口中单击创建一个 PhongE1 材质，并进入属性面板，单击材质属性面板中的 Color 后的贴图钮，选择教学资源（可到华信教育资源网下载，网址见前言）提供的 6-1-2.jpg 图片并指定给锁身模型，如图 6-1 所示。

图 6-19

（8）这时可以看到，这张本来就是铁锈的材质贴在锁身的上面，似乎有一些破旧的感觉，这就是人们经常所说的"三分建模，七分材质"的含义，虽有些夸张，但也说明了材质在一件优秀作品中的重要性。

测试渲染一张，发现这一张的锁身依旧有着过于平滑的毛病，这时依旧要指定一张Bump（凹凸贴图）来对其进行改进，如图 6-20 所示。

图 6-20

（9）为 PhongE1 材质指定一张 Bump 贴图，在弹出的选择类型中单击 brownian 材质，这是一个三维的贴图材质，之所以和上面的二维材质不同，就在于二维材质只能模拟物体表面的材质，而三维材质则能够对物体的内部也进行纹理的处理。

调节 brownian 材质的参数，然后单击右上方 Presets 前面的三角形，进入 Bump 材质的属性面板，在 Bump Depth（凹凸深度）中将数值改为 0.5。

从这张渲染图中可以看到，锁身的质感还是不错的。现在的锁身和锁柄放在一起，上面的主色调是黄色，而下面锁身的主色调却偏红，怎么看都不协调，因此还得继续对它们进行一些调整才行，如图 6-21 所示。

图 6-21

现在首先要考虑的是调节上面的锁柄还是调节下面的锁身的问题。如果锁柄加上红色调，感觉像是被烤红似的。

那就要把锁身上的红色调去掉一些。学过美术的都知道，红色的补色是绿色，这就需要加一些绿色上去以减弱红色调。

（10）在 PhongE1 的属性面板中，把 Ambient Color 属性中原先的纯黑色调成深绿色。调节一下 Specular Color（高光颜色），把它也调得深一些，因为锁身是不会有那么强烈的高光的，尤其是有了锈斑以后，它的高光会变得很不明显。再来渲染一张，如图 6-22 所示。

图 6-22

（11）现在来调节锁身前面凸起物的材质，首先对它的材质进行分析，发现它的光泽度和平滑度应该和锁柄相似，不同的是它的高光以及它的本身都要亮一些。

单击锁柄的 Phong1 材质，在 Hypershade 的菜单中执行 Edit→Duplicate→Shading Network 命令，复制出一个 Phong2 材质。选择 Phong2 材质，用中键把它拖到下面的 Work Area 窗口中，右键按住不放，选择 Graph Network，使它的节点链接显示出来，把节点中的 bump3d7 和 brownian8 删除，如图 6-23 所示。

图 6-23

（12）指定教学资源（可到华信教育资源网下载，网址见前言）中的 6-1-3.tga 图片给 Phong2 的 Bump 贴图，这样就完成了图案纹理的指定。进入 Phong2 材质球的设置面板，将它的 Ambient Color 和 Specular Color 都调节得更亮一些，以区分开锁柄的材质，如图 6-24 所示。

最终完成文件是教学资源（可到华信教育资源网下载，网址见前言）中的 6-2-lock-ok.mb，效果如图 6-25 所示。

图 6-24

（2）激活一个 Blinn1 材质，打开它的属性面板，在 Specular Shading 属性栏下，调整 Eccentricity 值为 0.4，打钩打入；进行近似效果调节，调置 Specular Roll Off 值为 1，使高光更加光滑，调整 Specular Color 颜色为浅蓝色，这样会在黑色锁面上显现出蓝灰色面效果，如图 6-28 所示。

（3）现在为 Blinn1 材质添加凹凸效果，在它的 Bump Mapping 后打开节点编辑图标，选择一个 Noise 材质，在 Noise 属性面板中调置凹凸值为 20，增加凹凸效果，并做相关的材质 Bump Depth 深度的设置。

图 6-25

6.3 文字的华丽质感实例

打开教学资源（可到华信教育资源网下载，网址见前言）提供的 6-3-text.mb 文件，场景中的文字模型被分为了表面、导角面、立面三个部分，这样便于逐个部分添加材质，如图 6-26 所示。

图 6-26

6.3.1 文字模型的基本材质

（1）新建一个 Lambert2 材质，调整它的颜色为深蓝色，并将它指定给地板模型，如图 6-27 所示。

图 6-27

（2）新建一个 Blinn1 材质，打开它的属性面板，在 Specular Shading 卷轴栏下，调整 Eccentricity 值为 0.4，稍稍扩大一些高光的范围；调整 Specular Roll Off 值为 1，使高光变得强烈；调整 Specular Color（高光颜色）为纯白色，并将材质指定给文字最上面的表面模型，如图 6-28 所示。

（3）现在为 Blinn1 材质加上表面的金属磨砂质感，单击 Bump Mapping 属性后的贴图钮，选择 Noise 贴图，在 Noise 贴图坐标面板中设定 Repeat UV 值都为 20，使颗粒增多，再将 Bump Depth（凹凸强度）设置为 0.2，如图 6-29 所示。

图 6-28

图 6-29

（4）新建一个 Blinn2 材质，为 Color 属性添加一个 Ramp 贴图，这种类型的贴图可以设置各种渐变效果。在 Ramp 贴图的设置面板中，设置 Type 为 U Ramp，并调整渐变的三种颜色为灰、白、灰，如图 6-30 所示。

图 6-30

（5）回到 Blinn2 材质的属性面板，设置 Special Effects 卷轴栏下的 Glow Intensity 值为 0.05，这样可以使材质产生一些柔光效果。将 Blinn2 材质球指定给文字的导角模型，如图 6-31 所示。

图 6-31

指定材质前后的模型效果如图 6-32 所示。

图 6-32

（6）回到 Blinn2 材质的属性面板，为 Specular Shading 卷轴栏下的 Reflected Color 属性添加一个 Ramp 贴图，调整 Ramp 贴图的 Type 为 Diagonal Ramp，并设定多次黑白渐变，渲染会看到导角质感更加细腻，如图 6-33 所示。

（7）接下来设置文字立面模型的材质，新建 Blinn 材质，为 Color 属性添加 Ramp 贴图，调整 Ramp 的 Type 为 U Ramp，设置渐变色为深绿、绿、深绿，并指定给文字的立面模型，如图 6-34 所示。

图 6-33

图 6-34

（8）现在要为立面模型的材质添加细节，为 Bump Mapping 属性添加一个 Grid 贴图，并进入 Grid 贴图的坐标面板，设定 Repeat UV 值都为 8 和 4，凹凸强度保持不变，如图 6-35 所示。

图 6-35

6.3.2　底部发光材质

（1）接下来要设置文字底部的反光效果，这一步就需要对模型进行一些调整。选中所有文字的立面模型，使用放缩工具整体放大一些，正好罩在文字模型的外面，然后将它们压扁，移动到文字下方，如图 6-36 所示。

图 6-36

（2）新建一个 Blinn 材质，并指定给刚刚制作好的底部模型。设置 Blinn 材质的 Color 属性为深绿色，并设置 Special Effects 卷轴栏下的 Glow Intensity 值为 4，增强光感，勾选 Hide Sourse，使底部模型隐藏，渲染时只显示发光效果，在如图 6-37 所示。

图 6-37

制作完毕的场景文件是教学资源（可到华信教育资源网下载，网址见前言）中的 6-3-text-ok.mb，最终效果如图 6-38 所示。

图 6-38

6.4　材质的光线跟踪实例——玻璃效果

打开教学资源（可到华信教育资源网下载，网址见前言）中的 6-4-glass.mb 文件，场景中桌子的材质已经设定好了，灯光也设置好了，另外需要注意的是，每个杯子内还有一个模型，用来制作杯子中的水，如图 6-39 所示。

图 6-39

6.4.1 玻璃材质调节

（1）打开 Hypershade 窗口，新建一个高光最为强烈的 Phong 材质，然后选中场景内除了桌子和背景墙以外的所有模型，将 Phong 材质指定给它们，在如图 6-40 所示。

图 6-40

（2）打开 Phong 材质的属性面板，将 Diffuse 设置为 0，将 Cosine Power 设置为 246，这样可以使高光范围极小，再展开 Specular Color 的颜色选择框，设置 V 值为 1.6，普通的白色 V 值为 1，而我们设定的 1.6 可以得到更为强烈的高光，在如图 6-41 所示。

图 6-41

（3）打开 Phong 材质的 Raytrace Options 卷轴栏，勾选 Refractions，打开材质的折射效果，设定 Refractive Index（折射率）值为 1.44，即玻璃的物理属性的折射数值，这是为了模拟真实世界设定的参数。渲染会看到，现在的效果很差，如图 6-42 所示。

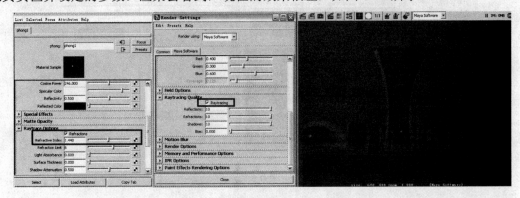

图 6-42

（4）打开 Hypershade 窗口，在 Work Area 中进行调整。在右侧的创建 Maya 节点中，单击 General Utilities 中的 Sampler Info 节点，在 Work Area 中创建出一个 Sampler Info 节点；单击 Color Utilities 内部打 Blend Color 节点 3 次，创建出 3 个 Blend Color 节点，如图 6-42 所示。

图 6-43

这种 Utilities 节点是基于物理计算，我们创建的 Sampler Info 节点的作用是采样，而 Blend Color 节点则是混合两种颜色。

（5）按住键盘的 Ctrl 键，使用鼠标中键，将 Sampler Info 节点拖动到其中一个 Blend Color 节点上，这时会弹出一个 Connection Editor（属性连接编辑器），先单击左侧 Sampler Info 节点的 FacingRatio 属性，再单击右侧 Blend Color 节点的 blender 属性，将这两个属性连接在一起。使用同样的方法，也将 Sampler Info 节点的 FacingRatio 属性和另外两个 Blend Color 节点的 blender 属性连接在一起，如图 6-44 所示。

（6）打开 Phong1 的属性面板，使用鼠标中键，将 3 个 Blend Color 节点分别拖到 Color、Transparency 和 Reflectivity 属性上，其中拖到 Reflectivity 属性上会弹出一个 Connection Editor（属性连接编辑器），先单击左侧 Blend Color 节点的 Output 前面的小加号，使之展开，单击 OutputR 属性，再单击右侧 Phong1 材质的 reflectivity 属性，这样就将这两个属性连接在一起了，如图 6-45 所示。

图 6-44

图 6-45

（7）接下来我们将分别调整 3 个 Blend Color 节点的属性，先打开连接到 Color 属性上的 Blend Color 节点的属性面板，设置 Color1 为 V 值 0.4 的灰色，设置 Color2 为 V 值 0.6 的灰色，设置如图 6-46 所示。

图 6-46

（8）打开连接到 Transparency 属性上的 Blend Color 节点的属性面板，设置 Color1 为纯白色，设置 Color2 为 V 值 0.8 的灰色，设置如图 6-47 所示。

图 6-47

（9）打开连接到 Reflectivity 属性上的 Blend Color 节点的属性面板，设置 Color1 为 0.28 的灰色，设置 Color2 为 V 值 0.5 的灰色，设置如图 6-48 所示。

（10）渲染可以看到，现在玻璃效果已经出现一些了，如图 6-49 所示。

新建一个 Lambert 材质球，并为 Color 属性指定一个 Checker 贴图，修改 Checker 贴图的 Repeat UV 值均为 80，如图 6-50 所示。

图 6-48

图 6-49

图 6-50

　　将调整好的 Lambert 材质指定给背景墙模型，渲染可以看到玻璃的反射效果，如图 6-51 所示。

图 6-51

　　（11）选中 Phong1 材质，在 Hypershade 的菜单中执行 Edit-Duplicate-Shading Network 命令，复制出一个 Phong2 材质，我们将用它作为杯子中水的效果。打开 Phong2 材质 color 属性的 Blend color 节点，调节为深黄和浅黄色，做出茶水的感觉。

　　由于茶水不是完全透明的，因此再打开 Transparency 属性上的 Blend Color 节点，分别设置 Color1 和 Color2 为 0.6 和 0.2 的灰色，如图 6-52 所示。

图 6-52

（12）进入 Phong2 材质的属性设置面板，设置它的 Refractive Index（折射率）值为 1.33，这是水的物理属性的折射数值。

将 Phong2 材质指定给杯子中水的模型，渲染效果如图 6-53 所示。

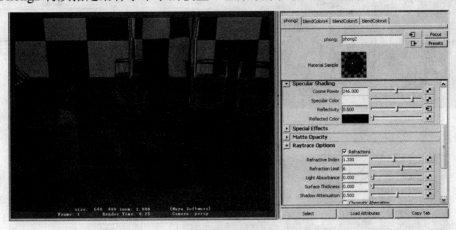

图 6-53

6.4.2　玻璃环境设置

优秀的玻璃效果，需要有丰富的反射和折射。但由于场景中东西太少，除了正对镜头的背景墙以外，其他地方都是空的，所以玻璃没有东西可以反射，下面就来设置一下玻璃环境。

（1）新建一个 Polygon 球体，使用放缩工具放大，将这个场景都罩在里面。放缩的时候注意一下场景中的灯光，如果没有把灯光罩在里面，灯光和阴影效果就都会没有了，如图 6-54 所示。

（2）新建一个 Lambert 材质并打开它的属性面板，单击 Color 属性后面的贴图钮，将教学资源（可到华信教育资源网下载，网址见前言）中的 room.jpg 文件指定给它，这是一张室内的照片。

将 Lambert 材质指定给新建的 Polygon 球体，渲染发现玻璃上已经有了一些反射效果，但总的来说变化不大，如图 6-55 所示。

（3）这是因为球体受光太少，使得图片不能够被玻璃反射到。打开球体 Lambert 材质的属性面板，调整 Ambient Color 为纯白色，使材质能够自己发亮，再渲染就会看到反射效果已经很丰富了，如图 6-56 所示。

图 6-54

图 6-55

图 6-56

（4）现在来给玻璃添加反光板。创建一个 Polygon Plane 模型，将它放置在玻璃瓶的侧上方，并将其旋转，使其对着桌子。

新建一个 Lambert 材质球，将它的 Incandescence 颜色设置为纯白色，再将它指定给 Plane 模型，使模型完全呈白色，如图 6-57 所示。

（5）这时渲染会看到所有玻璃制品的左侧出现了一条白色反光，使玻璃质感更加强烈，但背景墙上却出现了一道黑边，这是由于反光板遮挡住了光源的照射，如图 6-58 所示。

图 6-57

图 6-58

按 F6 键，进入 Rendering 模块，执行 Lighting/Shading→Light Linking Editor→Light-Centric 命令，打开灯光链接编辑器。在左侧选中 SpotLight1，这是场景的主光源，这时右侧的所有物体都呈灰色，表明场景中所有模型都受这盏灯光的影响。单击 pCube5，使其呈白色显示，这样就取消了主光源与反光板的链接，再渲染就会看到背景墙上的那条黑影不见了，如图 6-59 所示。

图 6-59

（6）在场景的另一侧也创建出 3 个反光板，并指定反光板的 Lambert 材质，然后在灯光链接中将它们清除，如图 6-60 所示。

最终完成的源文件是教学资源（可到华信教育资源网下载，网址见前言）中的 6-4-glass-ok.mb，本实例的最终效果如图 6-61 所示。

图 6-60

图 6-61

本 章 小 结

这一章挑选了一些常用的材质效果供大家学习，实例都具有较强的实战性。也正因为如此，希望大家能够认真学习，并准确理解所使用的各项参数的意义。另外也可以把一些常用的材质保存起来，以便今后使用。

思 考 题

1. 临摹一张自己很喜欢的三维静物作品，运用自己所学到的材质知识，尽力在临摹的作品上加入新的效果。

2. 参考一些较成功的三维静物作品，并结合自己的实际生活学习环境，创作一张静物作品。

第7章　UV 划分和卡通材质

7.1　UV 坐标详述

在前面的学习中，已经或多或少地接触到了一个称为"贴图坐标"的名词，那么什么是贴图坐标，下面将用一个实例来说明。

现在打算做一个"可口可乐"的易拉罐瓶体。用旋转建模的方式做出易拉罐的瓶体，使用教学资源（可到华信教育资源网下载，网址见前言）中的"coca cola.tga"，如图 7-4 所示，这张图片作为它的文件贴图赋予刚刚所创建的材质，看看出现了什么？是不是乱七八糟的，贴图贴的根本就是驴唇不对马嘴，如图 7-1 所示。

图 7-1

我们所使用的贴图文件看起来并没有什么问题，如图 7-2 所示。

图 7-2

一般而言，为模型赋予贴图，系统就会以默认的贴图坐标将贴图赋予物体。但对于需要精准对位的模型，系统默认的贴图坐标往往会出错。那么如何对模型设置相应的贴图坐标呢？

由于我们刚才创建的模型其实就是一个圆柱体的外形。因此选择刚才创建的模型，执行 Create UVS（创建 UVS 坐标）→Cylindrical Mapping（圆柱体贴图坐标）命令，将一个圆柱体的贴图坐标赋予刚才所创建的模型。

这时可以看到，环绕模型的周围出现了一些控制点，模型同样也被一些环状控制器包围起来，更令人惊喜的是，贴图已经以正确的方式贴到了模型上，如图7-3所示。

图 7-3

那些环绕在模型周围的绿色、红色的点就是调整贴图坐标的控制点。一般情况下，并不是所有的模型使用贴图坐标就能达到自己满意的程度，很多时候都需要手动对坐标进行调整，这些点就是为了这些调整而存在的。

贴图坐标在 Maya 中有 4 种基本类型，刚才使用的只是基本样式中的一个，很多模型并没有现成的贴图坐标来直接使用，所以都需要对这些模型赋予特殊的贴图坐标，以达到使用者的满意程度。

在 Maya 中，多边形的贴图坐标一般有 4 种：Planar Mapping（平面贴图坐标），Cylindrical Mapping（圆柱体贴图坐标），Spherical Mapping（球体贴图坐标），Automatic Mapping（自动贴图坐标）。如图7-4所示就是4种不同的贴图坐标，分别赋予球体以后所显现出来的效果。

图 7-4

（1）Planar Mapping（平面贴图坐标）。它是以一个平面的方式，将贴图纹理投射在模型上。它的投射方式类似于幻灯机将影像投射在屏幕上。因此它的运用基本上都是在平面或类似于平面的物体上，但其他物体也可以配合 Alpha 通道进行使用，比如眼球的贴图方式就是将眼珠以平面坐标投射在球体上，如图7-5所示。

图 7-5

（2）Cylindrical Mapping（圆柱贴图坐标）。它是将物体以圆柱形的方式"包裹"起来的一种贴图坐标，很适合用于近似圆柱体的模型上。Cylindrical Mapping（圆柱贴图坐标）一个很大的用处，就是使用在角色头部的贴图坐标设置上面，大多数的角色头部甚至身体的贴图坐标都是使用 Cylindrical Mapping（圆柱贴图坐标）来制作的，如图 7-6 所示。

图 7-6

（3）Spherical Mapping（球形贴图坐标）。Spherical Mapping（球形贴图坐标）是一种以球体的方式将物体包裹起来，并将纹理图案垂直投影到物体上的贴图方式。它最大的优点是几乎不受死角的影响，适用于一些球体或者类似于球体的模型，如图 7-7 所示。

图 7-7

（4）Automatic Mapping（自动贴图坐标）。这是一个由系统随机生成的贴图坐标。它的特点就在于自动生成性和不规则性。它的主要作用并不在于赋予物体适合的贴图坐标，而是在于将物体的投影方式分成不同的若干块，以便在下一步的 UV Texture Editor（UV 贴图坐标编辑器）中进行整合，但由于系统的随机比较乱，所以使用频率并不高。

7.2 UV 划分实例——小奶牛的材质

打开教学资源（可到华信教育资源网下载，网址见前言）中的 7-1-Uvs.mb 文件，场景中有一个小奶牛的卡通模型，如图 7-8 所示。

图 7-8

这个实例的最终效果，就是要把小奶牛材质的定位、绘制、贴图完成，如图 7-9 所示。

图 7-9

7.2.1 划分 UV

在制作之前先来了解一个编辑贴图坐标的命令，选中小奶牛模型，执行 Window→UV Texture Editor（UV 贴图坐标编辑器）命令，打开它的主界面，会发现贴图坐标非常乱，这样的坐标是无法准确定位的，更不用说按照 UV 坐标来绘制贴图了，如图 7-10 所示。

下面进行贴图坐标的定位，这一道工序在动画业内俗称"分 UV"，是比较枯燥的一部分，但也是角色制作中非常重要的一环。

（1）由于模型比较复杂，既不是圆柱也不是圆球，因此坐标要按照头部、身体、四肢的划分原则，进行多次划分。

进入模型的面级别，选中小奶牛脖子以上的面，先来划分头部的 UV 坐标，如图 7-11 所示。

（2）执行 Create UVS（创建 UVS 坐标）→Cylindrical Mapping（圆柱体贴图坐标）命令，可以看到头部的正前方出现了一个环形控制器，但现在只有一半。

图 7-10

图 7-11

再执行 Window→UV Texture Editor 命令，打开 UV 贴图坐标编辑器，看到现在贴图坐标依然很乱，但已经可以分辨出耳朵、脖子等位置了，如图 7-12 所示。

图 7-12

（3）在场景中按环形控制器的红色控制点，向头部的后方拖动，使环形控制器完全环绕头部模型。现在 UV 编辑器中坐标也发生了相应的变化，但依然比较乱，如图 7-13 所示。

（4）在视图中寻找环形控制器下部的一个红色小十字，它是整个坐标的控制器。单击一下这个小十字，整个坐标的正中间会出现操纵控制器，可以对坐标进行整体的移动、旋转、放缩，将坐标在 X 轴向上旋转，将整个头部包裹住，如图 7-14 所示。

（5）在 UV Texture Editor（UV 贴图坐标编辑器）中，已经能够正确地分辨出眼睛、耳朵甚至鼻孔的位置了。在整个坐标编辑器的田字型坐标图中，只有右上的正方形内才是有效范围，而头部目前占的空间太大。

图 7-13

图 7-14

使用坐标编辑器中的操纵控制器，将头部坐标缩小，移动到有效范围的左上方，如图 7-15 所示。

图 7-15

（6）继续划分身体的 UV 坐标。由于小奶牛的正面和背面区别较大，另外我们还希望能够比较清楚地在坐标图中分辨出正面和背面，因此将身体划分两次。

进入面级别，先在侧视图中框选身体正面的所有面，再在其他视图中按 Ctrl 键取消选择无关的面，如图 7-16 所示。

（7）打开 Create UVS（创建 UVS 坐标）→Planar Mapping（平面贴图坐标）的命令设置面板，设置 Project From 为 Z axis，即在 Z 轴向上投射坐标，这次在 UV 编辑器中显示没有问题，一次成功，如图 7-17 所示。

（8）继续设置背面的坐标，方法和上一个步骤一样，划分后在 UV 编辑器中，将正面和背面的贴图坐标都缩小，并放置在有效范围内，如图 7-18 所示。

图 7-16

图 7-17

图 7-18

（9）接下来划分四肢的坐标。选中一只手臂的所有面，执行 Create UVS→Cylindrical Mapping（圆柱贴图坐标）命令，但看到坐标和手臂的搭配有很大问题，如图 7-19 所示。

（10）依然是找到圆柱坐标的十字操纵器，对坐标进行整体的旋转、移动、放缩，使坐标和手臂匹配，如图 7-20 所示。

图 7-19

图 7-20

（11）按照上述方法，将手臂、腿部和尾巴都设定为圆柱坐标，并调整，使坐标与模型匹配，并在 UV 编辑器中将这些坐标缩小，放置在有效范围内，全部调整好的 UV 坐标如图 7-21 所示。

图 7-21

这样，UV 划分部分就完成了。这项工作只是起到贴图定位的作用，下面根据划分好的 UV 进行贴图绘制工作。

7.2.2　根据 UV 绘制贴图

（1）先将贴图坐标导出。在 UV 编辑器中，执行 Polygons→UV Snapshot 命令，在弹出的命令设置面板中，单击 File name 后的 Browse 按钮，设置保存路径和名称。Size X 和 Size Y 是设定导出图片的大小，如果希望绘制细致一些，可以设置大一些。Image format 可以选择 JPEG 格式，如图 7-22 所示。

图 7-22

（2）绘制图片可不是 Maya 的强项，这就需要使用 Photshop 或者 Painter 这样的软件才行。打开 Photoshop 软件，并打开保存好的 UV 图，如图 7-23 所示。

图 7-23

（3）在 Photoshop 中执行选择→色彩范围，将 UV 线提取出来，并单独作为一层，填充为红色，将最下面的图层填充为很淡的黄色，作为皮肤的主色调，同时也便于观察，如图 7-24 所示。

图 7-24

（4）新建一个图层，并放置在最上面，使用画笔、选框和油漆桶工具，为小奶牛的身体部分涂上黑色的斑点。在乳头部分涂上粉红色，如图 7-25 所示。

图 7-25

（5）继续绘制头部和其他部分。由于 UV 线外的空白区域不会在模型上显示出来，因此完全不用很小心地沿着 UV 线来绘制，绘制好的贴图如图 7-26 所示。

（6）将显示 UV 线的图层删除或隐藏，然后保存图片，正式的贴图如图 7-27 所示。

（7）回到 Maya 中，打开 Hypershade 窗口，新建一个 Blinn 材质，单击 Color 属性后的贴图钮，将绘制好的小奶牛贴图以 File 的形式添加，并把调整好的 Blinn 材质指定给模型，会看到贴图已经定位好了，如图 7-28 所示。

图 7-26

图 7-27

图 7-28

教学资源（可到华信教育资源网下载，网址见前言）中的 7-1-Uvs-ok.mb 文件是制作完成好的，有兴趣也可以对模型光滑处理。光滑过的小奶牛如图 7-29 所示。

图 7-29

7.3 卡通材质

三维动画技术的发展给二维传统动画行业带来了很大的冲击，但现在很多三维动画和游戏开始流行复古潮，即将三维动画渲染成二维效果，比较有代表性的是一款称为《跑跑卡丁车》的网络赛车游戏。

Maya 升级到 7.0 以后，推出了划时代的卡通材质系统，下面系统地学习卡通材质的创建和调节。

打开教学资源（可到华信教育资源网下载，网址见前言）中的 7-2-bird.mb 文件，场景中有一只黄色的小鸟，并简单地指定了材质，使用的是 Maya 的默认灯光，如图 7-30 所示。

（1）先来设置渲染的背景颜色，执行视图菜单的 View→Select Camera（选择摄像机）命令，按"Ctrl＋A"组合键打开摄像机的属性设置面板，在 Environment 卷轴栏下，修改 Background Color（背景颜色）为黄灰色，这样渲染出来的图片背景颜色就不再是黑色了，便于观察，如图 7-31 所示。

图 7-30

图 7-31

（2）选中小鸟身体的模型，在 Rendering 模块下，执行 Toon→Assign Fill Shader 菜单，一共有 7 种 Maya 默认的卡通材质，这 7 种效果分别指定给模型，渲染如图 7-32 所示。

（3）在模型被选中的情况下，执行 Toon→Assign Fill Shader→Light Angle Two Tone，将这个卡通材质指定给小鸟模型，我们也使用这种卡通材质作为实例阐述。

打开 Hypershade，会看到已经多出来一个名为 lightAngleShader 的材质球，双击打开它的属性设置面板，在 Color 卷轴栏下，修改颜色为黄色和深黄色，这两个颜色一个代表它的基本色，一个代表暗部色。调整黄色的 Selected Position 为 0.51，使模型暗部的区域稍稍大一点，渲染如图 7-33 所示。

图 7-32

图 7-33

（4）将深黄色的 Interpolation 修改为 Linear，渲染可以看到模型上的颜色过渡变得非常柔和，这也是卡通渲染的一种表现方式，如图 7-34 所示。

图 7-34

（5）将深黄色的 Interpolation 修改回 None，依然使用最传统的二维风格进行阐述。实际上传统的二维动画还应该有勾线的效果。

选中模型，执行 Toon→Assign Outline→Add New Toon Outline（添加新的卡通轮廓线）命令，会看到场景中模型边缘被创建了一圈黑色的线，渲染后已经出现轮廓线的效果了，如图 7-35 所示。

（6）在场景中选中轮廓线，按"Ctrl＋A"组合键打开它的属性设置面板，在 Profile Lines 卷轴栏下，修改 Profile Color 颜色为深橙色，使轮廓线不那么死气沉沉，修改 Profile Line Width 为 1.2，稍稍粗一些，便于观察，如图 7-36 所示。

图 7-35

图 7-36

（7）选中模型，执行 Toon→Create Modifier（创建修改器）命令，模型中出现一个球状修改器，使用放缩工具将它放大一些，放置在小鸟的身体正中，会看到修改器覆盖的地方轮廓线都变粗了。打开它的属性设置面板，修改 Width Scale 为 3，使它的修改强度减弱一些，渲染可以看到现在轮廓线有了粗细变化，如图 7-37 所示。

图 7-37

（8）现在来看一下卡通材质中最具特色的效果。执行 Wiindow→General Editors→Visor 命令，打开 Visor 窗口，单击左侧的 oils 文件夹，让这种类型的笔刷在右侧窗口中都显示出来。

在场景中先选中轮廓线，按 Shift 键在 Visor 窗口中选中 dryoilred 笔刷，执行 Toon→Assign Paint Effects Brush to Toon Lines（指定笔刷给轮廓）命令，会在场景中看到笔刷变得杂乱，渲染后发现轮廓线已经有了草图的效果，如图 7-38 所示。

图 7-38

（9）Assign Paint Effects Brush to Toon Lines（指定笔刷给轮廓）这个命令可以将 Visor 中的任意笔刷作为轮廓效果，也是 Maya 的特色，下面是一些其他笔刷作为轮廓的效果，如

图 7-39 所示。

图 7-39

7.4　三维角色与二维场景结合实例

现在有许多动画片在制作上采用了三维与二维结合的方式，例如使用三维软件制作角色及其动作部分，再合成到二维场景中，这样做既能使动画看起来像传统风格，又可以利用三维动画的快捷提高工作效率。

这种风格的动画就需要在三维软件中对角色使用卡通材质，来使动画整体风格统一。另外还需要使用其他的一些方法，来使两者的镜头角度、光线照射角度以及阴影角度相符合。这种结合就需要用到一种新的材质来制作。

7.4.1　制作角色卡通材质

（1）打开教学资源（可到华信教育资源网下载，网址见前言）所提供的 7-3-cartoon.mb 文件，这是一个指定了简单材质的鳄鱼模型，这个模型由深圳资深三维师黄云显所提供，接下来将为它制定卡通材质，如图 7-40 所示。

（2）选中鳄鱼身体和背部鳞甲的模型，在 Rendering（渲染）模块中，执行主菜单的 Toon→Assign Fill Shader→Shader Brightness Three Tone 命令，为鳄鱼指定一个三色的卡通材质，渲染如图 7-41 所示。

（3）打开 Hypershade，并双击新创建的卡通材质，打开它的属性设置面板，在 Color 卷轴栏下，调整三个颜色分别为深绿、绿、浅绿色，值得注意的是三个绿色都要稍稍偏黄一些，渲染如图 7-42 所示。

图 7-40

图 7-41

图 7-42

（4）继续在卡通材质的属性设置面板中，单击 Bump Mapping 后面的贴图钮，制定一个 Leather（皮革）贴图，并在 Leather 贴图的属性面板中，设置 Cell Size 为 0.8，Cell Color 为纯白色，Crease Color 为纯黑色，设置 Bump Depth（贴图深度）为 0.1，渲染会看到鳄鱼身上的鳞甲效果，如图 7-43 所示。

图 7-43

（5）选中鳄鱼的舌头模型，在 Rendering（渲染）模块中，执行主菜单的 Toon→Assign Fill Shader→Shader Brightness Two Tone 命令，为鳄鱼指定一个两色的卡通材质，调节两个颜色为深红和红色，渲染如图 7-44 所示。

图 7-44

（6）选中鳄鱼的两排牙齿模型，执行主菜单的 Toon→Assign Fill Shader→Shader Brightness Two Tone 命令，指定一个两色的卡通材质，使用默认值就可以。

再在 Hypershade 中创建一个 Phong 材质，调节为纯黑色，设置 Specular Color（高光颜色）为纯白色，并指定给两只眼睛，渲染如图 7-45 所示。

图 7-45

（7）选中鳄鱼的身体模型，执行主菜单的 Toon→Assign Outline→Add New Toon Outline 命令，添加轮廓线。并进入轮廓线的属性设置面板，在 Profile Lines 卷轴栏下，修改 Profile Color（轮廓线颜色）为深蓝色，渲染如图 7-46 所示。

图 7-46

7.4.2　二维场景合成

下面看一下将要进行合成的场景，本场景由郑州轻工业学院动画系 06 级洪枫绘制，如图 7-47 所示。

图 7-47

（1）在视图菜单中执行 View→Select Camera（选中摄像机）命令，按"Ctrl＋A"组合键打开摄像机的属性设置面板，在 Environment 卷轴栏下，单击 Image Plane 后的"Create"按钮，在弹出来的属性面板中，单击 Image Name 后的文件夹图标，打开教学资源（可到华信教育资源网下载，网址见前言）所提供的 cartoon.jpg 图片，这时会看到视图背景会变为该图片，如图 7-48 所示。

图 7-48

（2）如果现在渲染会看到图片上下有白色的宽边，这是由于背景图片的长宽比和渲染设置不符的缘故造成的。打开渲染设置面板，设置渲染图片的尺寸为 720×442，再渲染会看到背景与渲染图匹配了，如图 7-49 所示。

图 7-49

（3）操作视图，使鳄鱼模型处于下图的角度，与背景的场景角度相匹配，渲染如图 7-50 所示。

图 7-50

（4）执行 Create→Lights（灯光）→Spot Light（聚光灯）命令，创建一盏聚光灯作为主光源，进入它的属性面板，调整灯光颜色为浅蓝色，再执行视图菜单的 Panel→Look Through Selected 命令，进入灯光视图，调整从模型的一侧进行灯光照射。

再创建一盏聚光灯，调整灯光颜色为浅红色，Intensity（强度）为 0.3，让它从另一侧对模型进行照射，如图 7-51 所示。

图 7-51

现在渲染出来的效果如图 7-52 所示。

图 7-52

（5）接下来要添加阴影效果。创建一个多边形平面模型，并使其旋转，移动到鳄鱼的脚底，作为地面模型，如图 7-53 所示。

图 7-53

（6）选择主光源的聚光灯，并打开它的属性设置面板，在 Shadows 卷轴栏下，勾选 Use Depth Shadows（使用深度贴图阴影），设置 Shadow Color（阴影颜色）为蓝灰色，设置 Resolution 为 2048，使阴影精细一些，设置 Filter Size 为 5，使阴影边缘稍稍模糊一些，渲染如图 7-54 所示。

图 7-54

（7）接下来进行关键的一步，要把地面的平面模型隐藏，仅仅使阴影留下来。这一步需要用到一个新的材质——Use Background。

在 Hypershade 中创建一个 Use Background 材质球，并将其指定给地面的平面模型，如图 7-55 所示。

图 7-55

Use Background 材质是一种很特殊的材质种类，被它指定的模型都会隐藏，只留下投射在这个模型上面的阴影部分。因此，它经常被用在三维和实拍、三维和二维的合成上面，渲染最终效果如图 7-56 所示。

图 7-56

本小节最终完成的源文件是教学资源（可到华信教育资源网下载，网址见前言）中的 7-3-cartoon-ok.mb 文件。

本 章 小 结

这一章学习了 Maya 的 UV 划分和卡通材质。实际上现在三维模型的 UV 划分可以用到一个插件，称为 unfold3D，分 UV 的效果也比较好。

UV 划分是角色的一项很重要的步骤，现在对三维人员的要求越来越高，角色模型师不仅要能够做出精美合理的模型，也要绘制角色的贴图，因此 UV 的划分也是很重要的。

思 考 题

在以前的练习中制作过角色，现在将角色划分好 UV，并绘制贴图。另外可以为角色设定卡通效果。

第 8 章 Maya 的灯光系统

对于一件三维作品来说，即使模型和材质调整得非常出众，但如果没有灯光的照明，整个场景依然是一团漆黑。

灯光对于三维作品来说，除了照亮场景之外，还有渲染气氛、突出重点等一系列不容忽视的作用。甚至有人曾说过："灯光是一件作品的灵魂"的说法。

看看下面两张图，如图 8-1、图 8-2 所示，辨别一下这两张相同模型、相同材质、相同角度，但布光却不同的两张图哪一个是正面角色，哪一个又是反面角色？

图 8-1

图 8-2

图 8-1 的布光是由下往上打灯光，而图 8-2 则是由上往下打灯光。虽然这两个场景中都只有一盏 Spot Light 和一盏 Ambient Light，但渲染出来的感觉却是大不一样。

8.1 灯光的类型

Maya 中灯光的创建可以执行主菜单的 Create→Lights 命令来进行选择，一共有 6 种不同的灯光类型，它们分别是：环境灯光 Ambient Light；方向灯光 Directional Light；点光源 Point Light；聚光灯 Spot Light；面光源 Area Light 和体积灯光 Volume Light。也可以通过 Rendering 工具栏进行单击创建，如图 8-3 所示。

图 8-3

（1）Ambient Light（环境灯光）。

Ambient Light（环境灯光）是模拟大气中漫反射的一种的光源，它比较特殊却极其常用。由于它本身"漫反射"的属性，使它能够将灯光均匀地照射在场景中的每一个物体上。图 8-4 是在 Hypershade 窗口中显示出来的 Ambient Light（环境灯光）的图标，图 8-5 是使用了 Ambient Light（环境灯光）照明的模型。

从图 8-5 中就可以看出 Ambient Light（环境灯光）是均匀地对物体进行照射，但由于物体受光过于均匀，立体感反而失去了很多。

图 8-4

图 8-5

这就是 Ambient Light（环境灯光）的一个特性，这个特性使它在布光中占有自己独特的地位。它一般都是配合其他灯光来完成对场景的照明，以便于照亮场景中的一些死角，它一般不会作为主光源出现在场景中。

Ambient Light（环境灯光）还有一个很大的特性，那就是它同时具备环境光的两种相反的属性——有向性和无向性。这在 "Ambient Shade" 属性中可以进行调节。

在默认状态下，Ambient Shade 的值是 0.45，当其趋向于 0 时，环境光的性质就趋向于无向性，即照明绝对均匀，图 8-6 就是值为 0 的时候的效果。当其趋向于 1 时，环境光的性质就趋向于有向性，当等于 1 时，则只会照亮受光面，如图 8-7 所示。

图 8-6

图 8-7

（2）Directional Light（方向灯光）。

Directional Light（方向灯光）是按照箭头所指示方向进行平行光投射的一种灯光类型，这也是它最大的特点。由于极端平行的光在自然界中几乎是不存在的，因此它的存在也是一种比较特殊的方式，图 8-8 就是在 Hypershade 窗口中显示出来的 Directional Light（方向灯光）的图标。

由于是平行光的原因，它散发出来的光线都呈同一角度向同一个方向进行投射，因此物体的受光面也是相同的，如果是从正面对同一条直线上的物体进行照射，那么就会出现所有物体的阴影整齐排列的现象，如图 8-9 所示。

图 8-8

图 8-9

（3）Point Light（点光源）。

Point Light（点光源）是以一个点为发射光线的光源，它是由光线在某一点开始，向其他各个方向进行等量的发射。因为这个特性使它很符合自然界中的一些光源的特性，例如蜡烛，灯泡，甚至太阳等。图 8-10 就是在 Hypershade 窗口中显示出来的 Point Light（点光源）的图标。

图 8-10

图 8-11

从图 8-11 中可以看出，Point Light（点光源）所投射出来的阴影是有着较强的透视感的，而不像先前介绍的 Directional Light（方向灯光）所投射的阴影都是平行的，这很符合自然界中真实的投影现象。因此，Point Light（点光源）所被用到的次数也是很多的。但由于其自身的局限性，如：光线散射得过于平均，不易对一些需要突出的物体做出光线的直射照明，因此在很多的情况下，Point Light（点光源）都被用于作为场景的辅助灯光而存在着。

（4）Spot Light（聚光灯）。

Spot Light（聚光灯）是一种将光线限制在一个如同圆锥的区域内，并以此向外发射出光线。其原理很像手电筒向外发光的形式。它的使用频率几乎是所有的光源中最高的。由于它可以有效地将光线进行调整，便于调整照亮场景中的某一个需要突出的区域，因此很多三维设计人员都喜欢将它作为场景中的主光源来使用。图 8-12 就是在 Hypershade 窗口中显示出来的 Spot Light（聚光灯）的图标。

由于它的发射是从一个圆锥形的物体中向外发射，因此它的投射区域基本上是一个圆形，所以它的光线可以调节在一个有效的区域内，照亮并突出需要的区域和物体，并适当的对光的投射区域的边缘进行羽化处理。正是由于这个原因，使它易于定位和控制，因此经常被操作人员所钟爱和使用。

它所投射出来的阴影也具有一定的透视性，透视感的强弱取决于 Spot Light（聚光灯）散发光线的区域的大小。图 8-13 就是利用 Spot Light（聚光灯）进行物体的照明，可以观察一下光线所投放的区域及边缘的羽化效果。

图 8-12

图 8-13

它的应用很广泛，不仅能够起到突出某一区域物体的作用，还由于它自身的特性，使得它可以模拟出类似手电筒、矿灯和汽车前灯发出的灯光。

（5）Area Light（面光源）。

Area Light（面光源）可以说是 Maya 的灯光系统中最接近于真实的灯光类型了。它是以一个矩形的区域为照明光线的发射体。由于在现实世界中，几乎所有的发光体都是以三维的形式存在着的，而 Area Light（面光源）是最具有体积的一种光源，因此它是比较符合自然界的照明形式的。

图 8-14 就是在 Hypershade 窗口中显示出来的 Area Light（面光源）的图标。图 8-15 就是用 Area Light（面光源）进行照明的一个场景，注意观察一下它的阴影，可以发现它的阴影不但透视感很强烈，而且具备了衰减的特性。所谓衰减是指阴影由于光线的变化，会在离物体越近的地方阴影越重，离物体越远的阴影越淡，并渐渐消失。

图 8-14

图 8-15

（6）Volume Light（体积灯光）。

Volume Light（体积灯光）是一种比较特殊的灯光类型，它可以用于模拟照亮特定的体积范围，而且它可以对灯光的衰减进行较强的控制，这点对于使用灯光雾的特效是极为有用的。它很适合于和灯光雾相配合，模拟比较昏暗的光源所发散出来的光的效果。图 8-16 就是在 Hypershade 窗口中显示出来的 Volume Light（体积灯光）的图标。图 8-17 就是 Volume Light（体积灯光）和灯光雾相配合，模拟蜡烛所发出的比较昏暗的光的效果，可以注意一下光的衰减情况。

图 8-16

图 8-17

8.2　灯光的基本属性

在介绍完 Maya 中 6 种基本灯光类型以后，再来对它们的属性进行一些介绍。因为一般情况下，仅仅创建一个灯光对场景进行照明是远远不够的。因为每个场景都有特定的照明需要。一般都是先创建一个基本的灯光类型，然后再对它的灯光属性进行调整，以满足场景的照明需要。

由于 6 种基本灯光类型的属性有着很多共同点，因此在这一节里着重阐述参数比较全面的 Spot Light（聚光灯）的常用属性，一般情况下，了解了它的属性就等于了解了绝大部分 Maya 基本灯光类型的属性了。

首先创建一盏 Spot Light（聚光灯），在视图中选中它并按键盘上的"Ctrl＋A"组合键，打开它的属性设置面板，下面针对它的属性来进行阐述。

（1）Type（灯光类型）。

单击打开刚刚创建的 Spot Light（聚光灯）属性设置面板最上面的 Spot Light Attributes（聚光灯属性）卷轴栏，在这个卷轴栏的最上面可以看到有一个 Type 的下拉菜单。单击这个下拉菜单右侧的小三角符号，会发现里面列出了 Maya 中的 6 种基本灯光类型。在这里可以单击选择一种基本灯光类型作为 Spot Light（聚光灯）的替代品。也就是说，如果对场景中创建的灯光类型不满意，而灯光已经移动到了自己认为适当的位置时，为了避免再次对灯光进行移动，可以在这里重新选择一种基本灯光类型替代原先创建的，这也是 Maya 提供的一个很方便的命令。

（2）Color（灯光颜色）。

还是在这个 Spot Light Attributes（聚光灯属性）卷轴栏中，Type 属性的下面有一个 Color（灯光颜色）的属性，在这里可以对灯光所发散出来的基本颜色进行调整和控制。图 8-18 和图 8-19 就是调整了 Spot Light（聚光灯）基本颜色前后的样子。

图 8-18   图 8-19

从上面两张图可以看出，图 8-18 和图 8-19 两张图所表现出的氛围截然不同，然而变化仅仅是因为调整了灯光的基本颜色属性。图 8-19 的灯光颜色被调节为橘红色，因此渲染出来的效果偏向于橘红色调。

Color（灯光颜色）属性的默认设置是纯白色，其实在现实生活中基本上没有纯白色的光，如果仔细观察就会发现，在这个世界上的光一般都是有颜色的，比如灯泡发出来的是黄色的光，即便有白色的光也会因为色温等一系列因素变得不再是纯白色。因此，这个 Color（灯光颜色）属性对于模拟真实感的效果有着普遍的意义。

其实还可以单击 Color（灯光颜色）属性后的黑白格子贴图钮，创建一个基本贴图纹理来模拟一些特别的光。

（3）Intensity（灯光强度）。

这是一个用于控制灯光强度大小的属性，所谓的灯光强度是指灯光发散出来的光线强弱。图 8-20 和图 8-21 就是将 Intensity（灯光强度）值分别调整为 1 和 0.3 之后的效果。

图 8-20　　　　　　　　　　　　　　　图 8-21

Intensity（灯光强度）的默认值是 1，这只不过是一个系统设定的默认值，如果灯光还需要更强，可以不断地加大这个数字。方法是在前面的数字框中直接输入，这不但能够调节更大的值，还可以将强度值调整为负数。

（4）Decay Rate（灯光衰减率）。

Decay Rate（灯光衰减率）是用来选择灯光的衰减类型的，它一共有 4 种不同的衰减类型供操作者选择，这 4 个衰减类型都被放置在 Decay Rate 后面的下拉菜单里，分别是：No Decay（无衰减）、Linear（线性衰减）、Quadratic（平方衰减）和 Cubic（立方衰减）。它们是要配合着 Intensity（灯光强度）来使用的。在现实世界中，光一般都是被 Quadratic（平方衰减）的规律所控制着，但由于 Maya 内部的一些局限，在做图中一般使用最多的是 Linear（线性衰减）。

图 8-22 和图 8-23 是分别采用了 No Decay（无衰减）和 Quadratic（平方衰减）之后的效果。值得注意的是，使用了 Quadratic（平方衰减）的图，它的 Intensity（灯光强度）属性中的数值是 80。

图 8-22　　　　　　　　　　　　　　　图 8-23

（5）Cone Angle（灯光照射角度）。

这个属性是 Spot Light 所独有的。

虽说 Cone Angle 属性直译过来是灯光照射角度的意思，但实际上它更像是控制灯光的照射范围。在视图中对已经创建的 Spot Light（聚光灯）进行观察，调节 Cone Angle（灯光照射角度）的数值，会发现 Spot Light（聚光灯）的照射范围会不断地发生改变。如图 8-24 和图 8-25 所示就是数值为 40 和 80 的 Spot Light 的形态。

Cone Angle（灯光照射角度）的默认设置是 40，但它可以调节出的数值范围是 0.006～179.994。

图 8-24 图 8-25

（6）Penumbra Angle（灯光边缘羽化值）。

这也是一个 Spot Light 所独有的一个属性。

Penumbra Angle 属性就是用来控制 Spot Light 的投射光线边缘的羽化。由于这个属性的存在，使得 Spot Light 在模拟现实世界的光影效果中有着极其重要的作用。

当 Penumbra Angle 值为 0 的时候，光线投射区域的边缘就会极为锐利，如图 8-26 所示。图 8-27 是调节了 Penumbra Angle 值为 20 以后的效果。

图 8-26 图 8-27

在调节 Penumbra Angle 值的时候要注意的是，它的值不仅可以调节为正数，还可以调节为负数。正数的时候它是由内向外羽化，而负数的时候则是向内进行羽化，它可供调节的数值范围是–189.994～189.994。

（7）Dropoff（灯光衰减）。

其实 Dropoff 直接翻译过来是逐渐减少的意思，它也是控制着灯光区域向周围扩散衰减的，这一点与刚刚介绍的 Penumbra Angle 有些相似，但所不同的是：Penumbra Angle 是控制灯光区域的边缘，而 Dropoff 是控制整个灯光。

当 Dropoff 为 0 的时候，Spot Light 向场景内所投射的灯光强弱是一致的。但当它的数值开始变大的时候，照射区域的亮度由中心向四面八方逐渐变弱，Dropoff 的值越大，光线向四周变弱的程度也越大。

图 8-28 是 Dropoff 值为 0 时的效果，图 8-29 是 Dropoff 值为 20 时的效果。从中可以仔细观察一下灯光区域的衰减效果。

Dropoff 在 Maya 中的默认值是 0，但光在自然界中是存在着衰减效果的，如果想要对自然界中的真实光线进行模拟，最好还是在 Dropoff 属性中将其参数进行一定的调节，它的参数的调节范围是 0～无穷大。

图 8-28   图 8-29

（8）Shadow Color（阴影颜色）。

单击打开 Spot Light（聚光灯）属性设置面板的 Shadows（阴影属性）卷轴栏，这是一个控制灯光打出来的阴影的属性控制面板。

在 Shadows（阴影属性）卷轴栏的最上面，会看到有一个 Shadow Color（阴影颜色）的属性，这是用来调节灯光投影的颜色，可以单击它的颜色框，在弹出来的颜色调节器中进行调节控制，也可以单击它后面的黑白格子标志的贴图钮，使用一张贴图纹理来对其进行特殊的操作，以显示出不一样的效果。

图 8-30 是 Shadow Color（阴影颜色）的调节处，图 8-31 是进行了调节以后的阴影。

图 8-30   图 8-31

（9）Use Depth Map Shadows（使用深度帖图阴影）。

在 Shadows（阴影属性）卷轴栏里面，还有一个 Depth Map Shadows Attributes（深度阴影贴图属性）的卷轴栏，将其打开，在最上方会看到一个 Use Depth Map Shadows（使用深度贴图阴影）的属性，前面有一个可以打勾的小方框，决定是否使用这样的贴图阴影类型。

其实 Maya 提供的基本阴影类型一共有两种：Depth Map Shadows（深度贴图阴影）和 Ray Trace Shadows（光影跟踪阴影）。但两者不兼容，选择了一项就不能再选择另外一项。图 8-32 和图 8-33 是 Depth Map Shadows（使用深度贴图阴影）和 Ray Trace Shadows（光影跟踪阴影）两种不同的阴影方式所渲染出来的效果。

从上面的两张图中可以看到，两种阴影方式几乎是差不多的，但如果进行仔细的对比以后就会发现：使用了 Depth Map Shadows（深度贴图阴影）的阴影边缘似乎有些锯齿感，反观 Ray Trace Shadows（光影跟踪阴影）却极其平整。

图 8-32　　　　　　　　　　　　　　　　　　图 8-33

如果仔细地观察还会发现，Ray Trace Shadows（光影跟踪阴影）还有一些地板的颜色融在里面，这是 Depth Map Shadows（深度贴图阴影）所没有的。关于 Ray Trace Shadows（光影跟踪阴影）将在下面的篇幅中进行深入的介绍。

（1）Dmap Resolution（阴影渲染解析度）。

Dmap Resolution（阴影渲染解析度）是调节灯光阴影渲染解析度的，也可以看做是调节阴影分辨率的大小。分辨率越大，阴影才会在画面整体变大的时候不会出现马赛克之类的锯齿。它的默认值是 512，可以适当将其调节高一些，数值依据要渲染的图片尺寸而定。一般情况下，最好将值调节为偶数，以避免容易出现的一些问题。另外要注意的是，这里的参数调节在 IPR 渲染中不能够被实时显现出来。

（2）Dmap Filter Size（阴影边缘羽化度）。

这个属性用来控制 Depth Map Shadows（深度贴图阴影）的边缘虚化程度，值越大，边缘就会越虚，反之则会越尖锐。图 8-34 和图 8-35 就是将 Dmap Filter Size（阴影边缘羽化度）值分别调节为 5 和 20 以后的效果。

图 8-34　　　　　　　　　　　　　　　　　　图 8-35

从图中可以看到，Dmap Filter Size（阴影边缘羽化度）值调节为 20 以后，阴影变得更加柔和了。

在很多情况下深度贴图阴影都存在着锯齿，用这种方法去除锯齿比较合适，数值不宜太高，个位数就可以了。

（3）Dmap Bias（阴影偏心率）。

Dmap Bias（阴影偏心率）在众多的阴影属性中是一个很特殊的属性，调节它可以产生一种很特别的现象，即阴影似乎被什么东西遮挡住似的。图 8-36 和图 8-37 就是将 Dmap Bias（阴影偏心率）调节为 0.07 和 0.1 后的效果。

图 8-36   图 8-37

（4）Use Ray Trace Shadows（使用光线跟踪阴影）。

在 Shadows（阴影属性）卷轴栏里，还有一个 Raytrace Shadow Attributes（使用光线跟踪阴影）的卷轴栏，将其打开，在最上方会看到一个前面带有可以打勾的小方框的 Use Ray Trace Shadows（使用光线跟踪阴影）属性，勾选后即可产生光线跟踪阴影效果。

这是 Maya 中阴影的另外一种类型。它的特点是可以根据周围的环境来进行一些符合现实世界的物理计算，从而渲染出阴影应该有的颜色，这是一种比较高级的阴影类型。但是使用它的缺点是渲染会变得较慢。使用它进行渲染的时候要在全局渲染面板中将 Raytracing 项勾选，这样才能渲染出 Ray Trace Shadows（光线跟踪阴影），如图 8-38 所示。否则，渲染出的效果中将没有任何阴影存在。

图 8-38

8.3   灯光的布置技巧

在这一节里将对布光的一些规律和使用技巧进行一些阐述，在学习之前要知道：Maya 即便再强大，充其量也只是你创作的工具而已，只有工具而没有自己的思维和想法，是永远不可能出好作品的。这就像把达芬奇的作画工具全部给一个不会画画的人，他照样也画不出"蒙娜丽莎"一样。

在布光方面，首先要求考虑的是照亮物体，只有照亮了物体，才能够对其进行调节，以便显现出更为适合场景的气氛。因此，照亮物体是布光的基础。但这个照亮并不是将物体照得很亮，有时候为了突出扑朔迷离的效果往往将物体只显现出大致的轮廓线，谁能说这不是一种照亮呢？

在突出气氛方面，对布光也有着一定的要求。有时候布光甚至能够突出人物的性格。其实如果多看一些电影并对其进行仔细观察后就会发现，在一些反面角色和正面角色的布光上是有着不同的讲究的。在突出正面人物的布光上往往采用的是灯光从人物的上方打过来，而突出反面角色往往是光线从人物的下方打上来，这样所突出的气氛是完全不一样的。

一般来说，正常的布光应该如图 8-39 和图 8-40 所示。

图 8-39

图 8-40

在很多情况下，正面人物用正面的侧上方的光会产生一种"光明感"，这也是做动画甚至于静桢中需要注意的地方。而对于反面角色，从下面打上来的光会给人一种"来路不正"的感觉，因为一般的光很少从下面打上来的。还记得小时候晚上拿手电筒在自己头下方往上照装鬼吓人的情形吧？道理是一样的。对于反面人物的照明效果和布光的数量及位置如图 8-41 和图 8-42 所示。

图 8-41

图 8-42

有时候为了突出气氛，会在被照明的物体两边各打上一个不同颜色的灯光，使得物体两面显示出不同色调的颜色。较早以前的好莱坞电影海报中经常使用这样的技法，如图 8-43 所示用这样的技法进行渲染的一张图，它的两边分别打上了一盏红色的灯和一盏蓝色的灯，使得角色产生出不一样的气氛，图 8-44 是这张图的布光图。

图 8-43

图 8-44

8.4 布光实例——模拟全局渲染

本实例的场景和最终效果如图 8-45 所示。

图 8-45

要说明的是，这次模拟的虽然只是很简单的一个场景，但里面所涉及的一些理念却是通用的，将它们熟练掌握以后，不管多么复杂的场景都可以按照这个方法来做。

（1）先来打开教学资源（可到华信教育资源网下载，网址见前言）中的 8-1-Spheres.mb 文件，里面有一个被删除了一个面的正方体作为两个球体的场景，正方体两个面已经被分别指定了深红色和深蓝色的 Lambert 贴图，两个球体也被赋予了浅灰色的 Lambert 贴图。并创建了一台摄影机，架设在整个场景的左前方，如图 8-46 所示。

图 8-46

创建一盏 Spot Light 灯光，将其位置调节到如图 8-47 所示的位置。

（2）在视图中选中刚刚创建的 Spot Light，按键盘的"Ctrl＋A"组合键，打开它的属性设置面板，将 Color（灯光颜色）改为浅红色，参考的 HSV 值为 2，0.2，1。然后再将

Intensity（灯光强度）调节为 0.9。调节 Penumbra Angle 值为 20，使照射区域的边缘羽化一些。调节 Dropoff 值为 5，将灯光的衰减度也设置一下，尽量和现实中的灯光有着一样规律。

图 8-47

打开 Shadows 卷轴栏，调节它的 Shadow Color（阴影颜色）为深紫色，这是因为两面的墙壁分别是红色和蓝色，为了求得中和所设置的一种颜色。在 Use Depth Shadows Map（使用深度贴图阴影）前面的小方框中打勾，将场景的阴影打开。然后将 Dmap Resolution（阴影渲染解析度）调节为 1024，使阴影的分辨率更大一些。调节 Dmap Filter Size（阴影边缘羽化度）值为 15，使阴影变得极为柔和，因为光线漫反射次数多了的时候阴影是极其柔和的，如图 8-48 所示，图 8-49 是现在的调节效果图。

图 8-48

图 8-49

（3）现在再来创建一盏 Ambient Light 灯光，可以不用调节它的位置，在其属性设置面板中把它的灯光颜色调节为淡紫色，参考 HSV 值为 280，0.2，1。调节 Intensity（灯光强度）为 0.5，它的 Ambient Shade 为 0.1，如图 8-50 所示，图 8-51 是调节后的效果图，可以看到场景被整个提亮了，这样主灯光也就创建完毕，现在开始对气氛进行调节了。

（4）接下来创建一盏 Area Light 灯光，将它沿 X 轴进行 90°旋转，然后移到立方体最下方的面上边，使它从下往上照射场景中的两个球体，并将其 Intensity（灯光强度）调节为0.01，如图 8-52 所示。

图 8-50

图 8-51

图 8-52

单击 Area Light 属性设置面板中 Color 后面的贴图钮，在弹出的贴图纹理选择面板中单击创建一个 Ramp 纹理，在其属性中将它的渐变方式（Type）改为 U Ramp（U 轴向渐变），将渐变的颜色设置为两个，上面的为纯蓝色，HSV 值为 240，1，1；下面的颜色为纯红色，HSV 值为 360，1，1。这是因为两面墙壁颜色不一样，要根据墙壁的颜色来设置，如图8-53 所示。之所以选择这个角度也是为了照亮一些很暗的阴影部分，并且强度调节得很低，不会影响很大，主要是为了给两个球体添加环境色，渲染出来的效果如图 8-54 所示。

从图 8-54 中可以看出，两个球体在底部已经有了漫反射所产生的有色光，开始染上周围物体的一些颜色了。

（5）再来创建两盏 Area Light 灯光，将它们旋转并移动到左侧红色和右侧蓝色的墙壁上，使它们都照射着场景中的物体，如图 8-55 所示。

将靠近红色墙壁的那盏 Area Light 灯光调节为纯红色，HSV 值为 360，1，1；另一盏则调节为纯蓝色，HSV 值为 240，1，1，这是为了模拟两面的墙壁漫反射效果。由于暖色调红色的发散性比冷色调蓝色更强一些，因此在调节灯光强度上将红色调节暗一些，为 0.45；蓝色则调节强一些，为 0.75。两盏灯的 Decay Rate（衰减模式）都调节为 Linear（线性衰减），这也是为了更好地模拟现实中的灯光发散规律，如图 8-56 所示，图 8-57 则是调节后的渲染效果图。

图 8-53

图 8-54

图 8-55

图 8-56　调节灯光属性

图 8-57　渲染效果图

（6）观察渲染出的效果，可以看出，墙壁上的漫反射效果已经有了，而且效果还算不错，但球体上的漫反射效果怎么看都像是灯光打上去的，而不是真正的漫反射。

现在对灯光进行一些调节，既然达不到对球体漫反射的效果，那么就不要灯光对球体进行照射，再重新设定其他的灯光就好了。

执行主菜单的 Window→Relationship Editors（关联编辑器）→Light Linking（灯光连接）→Light Centric 命令，将 Relationship Editors（关联编辑器）打开，这时在左边的场景灯光中选中那两盏 Area Light 灯光，会发现右侧的物体列表中都显示为灰色，如图 8-58 所示，这表明灯光照射场景中的每一个物体。分别选两盏 Area Light 灯光，单击右侧物体列表中的两个球体，将它们以正常的模式显示出来，这样，就将两个球体从这两盏灯光的照射范围中摒弃了，如图 8-59 所示。

图 8-58

图 8-59

进行调整了以后的渲染效果如图 8-60 所示。现在一共有 5 盏灯光对场景进行照明和气氛的衬托，如图 8-61 所示。

图 8-60   图 8-61

（7）下面针对两个球体的接收漫反射效果进行灯光的创建和布置。创建两盏 Spot Light 灯光，可以执行视图菜单的 Panels→Lock Through Selected（锁定被选择物体角度）命令，将它们的位置分别调节至如图 8-62 和图 8-63 所示的位置，分别照射着场景的两边，聚焦到两边的球体上面。

这两个灯光的位置在场景中的位置如图 8-64 所示。

图 8-62   图 8-63

图 8-64

在属性设置面板中将两边的灯光属性进行一些调整，左侧灯的灯光调节为纯红色，右侧灯的灯光调节为纯蓝色，以模拟两边墙壁漫反射效果。依然是由于暖色调的发散性比冷色调更强一些，因此在调节灯光强度上将红色调节得低一些，为 0.3；蓝色则调节得高一些，为 0.5。然后将 Penumbra Angle 属性调节为 12，Dropoff 调节为 5。可以依据照着角度的不同适当地将 Cone Angle（灯光角度）调节得大一些，如图 8-65 所示。渲染的效果如图 8-66 所示。

图 8-65

图 8-66

从图 8-66 中就可以看到，尽管没有把墙壁从这两盏 Spot Light 灯光的照射范围中摒弃，但是由于它们自身的强度较弱，形不成什么太大的变化，相反还对气氛的渲染起到了积极的作用，另外两个球体上的接收漫反射效果也已经出来了。

这个实例最终完成的源文件是教学资源（可到华信教育资源网下载，网址见前言）中的 8-1-Spheres-ok.mb。

8.5 室外布光实例——回廊场景

本节回廊灯光的设定方法，我们将用一部纯三维 MTV 的动画宣传海报，来介绍具体灯光设定方式和技巧，最终效果，如图 8-67 所示。

图 8-67

本节的重点是主光源阴影的设定，还有和辅助光源的配合。可以直接打开教学资源（可到华信教育资源网下载，网址见前言）中的 8-2-building.mb 文件，场景里面是一个长长的回廊，尽头有一个穿着红裙子的女孩。

场景中没有打灯光，以下是场景在 Maya 中的显示，以及默认灯光下渲染出来的效果，如图 8-68 所示。

图 8-68

8.5.1　灯光设置

（1）首先创建一盏 Spot Light（聚光灯）作为主光源，并进入灯光视图，使灯光从场景的侧上方打下来，并且整个场景都放置在灯光范围之内，如图 8-69 所示。

（2）保持灯光的选择，按键盘的"Ctrl＋A"组合键，打开灯光的属性设置面板，对灯光的参数进行设定。由于是模拟真实的太阳照射效果，因此将灯光的颜色设置稍稍偏蓝色一些，并将灯光的 Intensity（强度值）设定为 1.5，如图 8-70 所示。

图 8-69

图 8-70

（3）再创建一盏 Ambient Light（环境光），不改变它的位置，打开属性设置面板，调整 Ambient Shade 值为 0，这样可以保证场景的每一个角落都可以被照射到，不会出现死角。由于是辅助光源，因此 Intensity（强度值）可以设置得低一些，我们在这里设置为 0.3。灯光的颜色也可以设置为很浅的黄色，这样可以保证画面中冷暖色调的结合，如图 8-71 所示。

图 8-71

（4）在三维作品中，立体感是很重要的一个环节，而强调物体立体感的关键，就是要使不同受光面的明暗程度有所区别。如图 8-72 所示就是立方体真实受光的效果，我们可以看到：三个面的受光强度都是有所区别的。

现在我们的场景，砖柱的受光面和背光面区分得比较明显，立体感突出了，但是三面墙的受光太均匀，接下来就必须处理好这个问题。

再创建一盏 Spot Light（聚光灯），并进入灯光视图，使它平行照射整个回廊，如图 8-73 所示。

图 8-72

图 8-73

（5）同样因为是辅助光源，它的强度值不能超过主光源，在这里设置它的 Intensity（强度值）为 0.4。渲染后可以发现，墙壁三个面的层次感已经出来了，如图 8-74 所示。

（6）现在我们要把外面的天空提亮。回廊外部有一个 NURBS 平面，是用来模拟天空的，在材质上也加了自发光效果，只是现在的效果不是很强烈，需要光源的照射。

再来创建一盏 Ambient Light（环境光）。由于我们只想照亮模拟天空的 NURBS 平面，所以要用到灯光连接编辑器来进行设置。按 F6 键进入 Maya 的 Rendering（渲染）模块，执行主菜单的 Lighting/Shading→Light Linking Editor（灯光链接编辑器）→Light Centric 命令，打开灯光链接的编辑器。在左侧选中刚刚创建的环境光，在右侧的列表中只选择"wuding"、"wuding1"、"nurbsPlane33"这三个物体，其他统统取消选择，如图 8-75 所示。

图 8-74

图 8-75

（7）调整环境光的 Ambient Shade 值为 0，Intensity（强度值）为 0.4，再次进行渲染，会看到天空的效果已经出来了。这样，简单的布光就完成了，如图 8-76 所示。

图 8-76

8.5.2 阴影设置

（1）现在我们要为回廊增加阴影效果。现在场景内有 4 盏灯，但是如果希望表现比较强烈的阴影效果，最好还是只有一盏灯设置阴影，其他 3 盏灯的阴影都不要打开。

选择最开始创建的主光源，在它的属性设置面板中，勾选"Use Depth Map Shadows"（使用深度贴图阴影），直接渲染会看到较为强烈的阴影效果，如图 8-77 所示。

图 8-77

（2）目前的阴影有两个地方表现得很不好，一个是阴影太重，使人物完全陷入阴影中，根本看不清楚；另外一个就是过于粗糙，能看到大块大块的锯齿。

首先来解决第一个问题。单击 Shadow Color 后面的黑色小方块，在弹出的色彩选择框中将颜色设置得浅一些，再来渲染会看到阴影减淡了，如图 8-78 所示。

图 8-78

（3）接下来解决阴影的锯齿问题。设置 Resolution（分辨率）的数值为 2048。这样渲染出来的阴影就几乎看不出锯齿了。当然，数值越高，渲染时间就会增加，如图 8-79 所示。

（4）由于深度贴图阴影的精细程度取决于分辨率，因此锯齿依然存在，只是是否明显的问题。如果仔细看渲染的图片会发现，墙壁相交的地方透光比较严重，柱子连接的地方，阴影也出现严重的透光现象，如图 8-80 所示。

图 8-79

图 8-80

（5）现在我们来彻底地解决这些问题。再次进入主光源的属性设置面板，在阴影卷轴栏中勾选"Use Ray Trace Shadows"（使用光线跟踪阴影）选项，这时会发现，上面的"Use Depth Map Shadows"（使用深度贴图阴影）自动取消勾选了，这是因为两种阴影只能选择使用其中一个，而不能同时共用。

如果这个时候进行渲染，会发现场景中根本没有阴影。因为如果要使用光线跟踪阴影，就需要在渲染设置面板中打开光线跟踪选项，而默认情况下，这个选项是关闭的。

打开渲染设置面板，在 Maya Software 面板中，勾选 Raytracing Quality 卷轴栏下的"Raytracing"，并将渲染品质设置为产品质量，然后再次进行渲染，如图 8-81 所示。

图 8-81

（6）这次渲染会看到，透光现象已经彻底解决了。由于光线跟踪阴影是采用真实的阴影计算方法，虽然渲染时间会延长，但锯齿问题也彻底不存在了。

当然，按照惯例，渲染出来的图片会在 Photoshop 中进行曲线、对比度、色相、色彩平衡等命令的调整，同时也加入了柔光效果，如图 8-82 所示是直接渲染出来的图和 Photoshop 处理过后的对比。

图 8-82

调整完毕的场景是教学资源（可到华信教育资源网下载，网址见前言）中所提供的 8-2-building-ok.mb 文件。

8.6　灯光特效

8.6.1　辉光特效（Light Glow）实例——魔法师小奶牛

打开教学资源（可到华信教育资源网下载，网址见前言）中的 8-3-Light Effects.mb 文件，场景中有一个巨大的球体，球体里有一头高举着魔法棒的小奶牛，如图 8-83 所示。

图 8-83

（1）执行 Create→Lights→Point Light 命令，创建一盏点光源，并将它移动魔法棒的顶端位置，渲染可以看出，点光源将整个场景照亮了，如图 8-84 所示。

（2）选中点光源，按"Ctrl＋A"组合键，打开它的属性设置面板，在 Light Effects 卷轴栏中，单击 Light Glow 属性后的贴图钮，会看到在场景中，点光源周围出现了一个大圈，渲染可以看到，点光源发出了耀眼的辉光，如图 8-85 所示。

图 8-84

图 8-85

（3）单击 Light Glow 后的贴图钮，进入辉光的设置面板，在 Glow Type 选项中，除了第一个 None 是没有效果以外，其他 5 种选项分别是 5 种不同的辉光效果，在属性栏最上面的 Post Process Sample 中会有一个小图标，显示它们的效果，如图 8-86 所示。

图 8-86

选择不同的辉光效果，在场景中渲染观察，如图 8-87 所示。

图 8-87

卷轴栏中的 Halo Type 是辉光光晕的选项，同样也有 6 种不同的效果，我们将光晕设置为红色，并将辉光设置为 Exponential 类型，分别看一下这 6 种不同的光晕效果，如图 8-88 所示。

图 8-88

（4）将 Star Points 设置为 8，并将 Rotation 设置为 15，渲染能看到，辉光增加到了 8 条，并且有些旋转，如图 8-89 所示。

图 8-89

Star Points 属性是设置辉光散发的光条数，Rotation 属性是设置辉光的旋转度数，两个属性都可以设置为 0～无穷大，但 Rotation 属性最好别超过 360。

（5）现在将 Glow Type 设置为 Linear，Radial Frequency 属性设置为 5。打开 Glow Attributes 卷轴栏，将 Glow Color（辉光颜色）设置为淡紫色，将 Glow Intensity 值由 1 设置为 3.6，增加辉光的强度，如图 8-90 所示。

图 8-90

（6）将 Glow Noise 的值由 0 设置为 0.4，Glow Radial Noise 值由 0 调整为 0.6，这样再渲染时就会看到光束变细了，而且发射出来的光线有了随机的变化，不再是一样长的了，如

图 8-91 所示。

图 8-91

（7）将 Glow Star Level 值设置为 1，Glow Opacity 值设置为 1，渲染时就会看到每一条光束都多出很多的小光束，使细节增多，光束也更加漂亮，如图 8-92 所示。

图 8-92

（8）现在将辉光的属性栏拉至最上方，勾选 Lens Flare（镜头光斑），渲染会看到辉光产生出一长串的镜头光斑效果，如图 8-93 所示。

图 8-93

（9）此时镜头光斑的角度有些偏上，我们希望镜头光斑能从小奶牛的脸部穿过。将辉光的属性栏向下拉，打开 Lens Flare Attributes（镜头光斑属性）卷轴栏，修改 Flare Vertical 值为 0，渲染后可以看到，镜头光斑的角度改变了，如图 8-94 所示。

（10）将 Flare Horizontal 值修改为 0.2，Flare Length 值修改为 3，这样镜头光斑就可以向中间集中一些，并且光斑之间的距离也会拉长，如图 8-95 所示。

图 8-94

图 8-95

（11）将 Flare Color 设置为浅蓝色，Flare Intensity 值修改为 2，使光斑的强度更大。设置 Flare Min Size（光斑最小尺寸）为 0.1，Flare Max Size（光斑最大尺寸）为 1.5，这样光斑的尺寸就会在这两个数值之间随机变化。勾选 Hexagon Flare，使光斑呈六边形显示，如图 8-96 所示。

图 8-96

最终完成的文件是教学资源（可到华信教育资源网下载，网址见前言）中的 8-3-Light Effects-ok.mb。

8.6.2 灯光雾特效（Light Glow）实例——营地探照灯

打开教学资源（可到华信教育资源网下载，网址见前言）中的 8-3-Light Effects-2.mb 文件，场景中有一处较大的军事据点，灯光打的很暗，是一个夜晚的效果，如图 8-97 所示。

（1）执行 Create→Lights→Spot Light 命令，创建一盏点光源，将它移动到旁边岗楼的位置，使它向着地面照射，并调整 Cone Angle 值为 11.907，使照射半径缩小，类似于探照灯的效果，再将 Penumbra Angle 设置为 2，使灯光照射边缘羽化，如图 8-98 所示。

图 8-97

图 8-98

（2）在新创建的 Spot Light 属性面板中，打开 Light Effects 卷轴栏，单击 Light Fog（灯光雾）后的贴图按钮，创建灯光雾特效，并将 Fog Intensity（灯光雾强度）值设置为 1.2，渲染效果如图 8-99 所示。

（3）灯光雾的设置参数很少，比较常用的只有 Color（灯光颜色）和 Density（强度）两个。进入灯光雾的设置面板，调整 Color 为浅黄色，Density 为 1.2，使灯光雾的效果强烈一点，如图 8-100 所示。

（4）现在灯光雾的效果过于平均，从发射点到消失点强度一样，这不符合真实的光照效果。由于灯光雾自身没有强度衰减的参数，因此还是进入 Spot Light 属性设置面板中进行调整。

图 8-99

图 8-100

设置 Spot Light 的 Decay Rate（灯光衰减）为 Linear（线性衰减），Intensity（强度）为 12，渲染能看到，灯光雾效果已经有了明显的强弱渐变，如图 8-101 所示。

图 8-101

（5）灯光照射到箱子上，但灯光雾却穿过箱子，并没有任何的减淡。

在 Spot Light 的属性面板中，打开 Depth Map Shadow Attributes 卷轴栏，勾选 Use Depth Map Shadows（使用深度贴图阴影），渲染可以看到箱子遮挡了一部分灯光雾的效果，如图 8-12 所示。

图 8-102

在 Depth Map Shadow Attributes 卷轴栏的下方，有两个灯光雾阴影参数，Fog Shadow Intensity 是设定灯光雾阴影的强度，Fog Shadow Samples 是设定灯光雾的采样值，数值越大阴影越细腻。

但由于场景效果已经达到要求了，所以没有再对这两个参数进行修改。最后完成的文件是教学资源（可到华信教育资源网下载，网址见前言）中的 8-3-Light Effects-2-ok.mb 文件。

本 章 小 结

本章以实例的形式介绍了 Maya 灯光的使用方法，可以这么说：学会了 Maya 灯光类型，仅证明你学会了 Maya 的灯光，对于别的三维软件又要重新开始学起，但要学会了布光的技巧，任何一个三维软件都是手到擒来，在学习中要注意这个主次关系。

实际上灯光在技术上难度不高，最难也是最重要的则是技术以外的东西，例如布光的技巧、反光板的设置等，建议大家去读一些摄影方面的书，了解一下真实的布光。

思 考 题

1. 认真观察周围物体的光感，尤其对那些你觉得特别醒目的光线的照射角度进行仔细观察。

2. 制作一组室内静物的光照效果，注意打出静物的轮廓，并表现出一定的气氛。

第 9 章　Maya 的摄像机

9.1　摄像机设置

摄像机是 Maya 中一项最基本的设置，在每一个新建的文件中，一开始 Maya 就自动给这个场景创建了 4 个摄像机。由这 4 个摄像机在场景中组成了文件的 4 个不同的视图：前视图、顶视图、侧视图、透视图。这 4 个摄像机如图 9-1 所示。

图 9-1

Maya 中摄像机和现实中摄像机的用途是基本一样的。现实中的摄像机一般都是用来记录视频图像的，如果你不按"开始摄像"按钮，那么它只会起到观察、定位而非记录的作用。Maya 中的摄像机也是这个用途，一般来说，在调节物体的模型、材质甚至灯光时，Maya 中的摄像机都会是一种待机状态，只起到给软件操作者观察、定位的作用，而当操作者打开 Maya 中摄像机的动画设定钮以后，摄像机就会按照操作者设定的意图进行动画地记录了。

Maya 视图中创建的摄像机的符号就是一个摄像机的线框图，而且创建出的摄像机有多个类型可供选择，使用的种类要按照不同的摄像要求来定，如图 9-2 所示。

图 9-2

在渲染的时候经常会发现：本来在视图中的场景，渲染出来有一部分却跑到图片外面了，如图 9-3 所示。

如果需要准确对位，执行视图菜单的 View→Camera Settings→Resolution Gate 命令，将摄像机的分辨率框打开，框内就是渲染的范围，如果修改渲染图片大小，框也会随之改变，如图 9-4 所示。

图 9-3

图 9-4

9.2 摄像机景深特效实例

景深效果，是在摄影技术里面常用的一个名词。一般而言，无论是摄像机还是照相机都有一个聚焦的范围，就是将摄影的焦点放在某一个距离段上，将这个距离段的物体清晰化，而脱离了这个距离段的物体都将以模糊处理。这种效果称为照相机或是摄像机 Depth of Field（景深），如图 9-5 和图 9-6 所示。

图 9-5

图 9-6

上面两张摄影作品由郑州轻工业学院动画系 03 级王莹所拍摄，都把聚焦点设置在了前景的位置，因此，越向后，图片越模糊，这就是典型的景深效果。

在本节中将以一个特效的实例来对 Maya 中摄像机的作用和功能进行一些了解和学习。在这个实例里还将涉及一些常用的知识点。

（1）首先打开教学资源（可到华信教育资源网下载，网址见前言）中的 9-1-Camera.mb文件。这个文件里有 4 个排成一排的杯子，为的是以后做景深特效使用。还为整个场景打上了两盏灯光，并且创建了一台 Camera and Aim 类型的摄像机，如图 9-7 所示。

图 9-7

单击选中场景中的摄像机，或在摄像机视图中执行 View→Select Camera（选择摄像机）命令，然后按键盘上的"Ctr＋A"组合键，打开摄像机的属性设置面板，在 Depth of Field 卷轴栏中的 Depth of Field 前面的小方框中打勾，打开景深效果，如图 9-8 所示，渲染出来的效果如图 9-9 所示。

图 9-8

图 9-9

从图 9-9 中可以看到，由于已经打开了景深特效的开关，因此景深特效还是出现了。但是由于设置得不好，焦点没有对准位置，因此出现了一片模糊的景象。

对于下一步的调节，如果只是调节摄像机属性面板中的景深特效参数，一旦物体有所变动，又得继续重新进行调节。属性面板中的参数不是直观的，调节只能很模糊地进行参数的变更，而不能根据场景中的变化进行精确地调整，因此，必须使用另外的方法对摄像机的聚焦点进行精确地定位。

（2）执行主菜单的 Create（创建）→Measure Tools（测量工具）→Distance Tool（长度测量工具）命令，先后在摄像机和摄像机前面的 Aim 点上进行鼠标左键单击，创建出有两个 Locator 点的长度测量工具，如图 9-10 所示。

（3）执行主菜单的 Window→Outliner 命令，在大纲窗口中单击 Camera1_Group 前面的小加号符号，使 Camera1_Group 组全部展开。将刚刚创建的 Distance Tool 里靠近摄像机的 Locator1 用鼠标中键拖到 Camera1 上，将靠近 Aim 点的 Locator2 用鼠标中键拖到 Camera1_Aim 上，使两个 Locator 点分别成为 Camera1 和 Camera1_Aim 的子物体，如图 9-11 所示。

图 9-10

图 9-11

子父物体是 Maya 中一项很常用的命令。它的作用就是把两个或多个物体组成附属的关系。即当把两个物体进行了子父物体的设置以后，其中被设为子物体的就要随着父物体的变动而进行变动，父物体去哪里，子物体就要跟着它去哪里。然而子物体的变动不会影响到父物体。

刚才对于摄像机的设置就是将 Distance Tool 里的那两个 Locator 点分别设置为摄像机的两个控制点的子物体，让 Locator 物体随着摄影机镜头拉伸进行位置上的变化。但是在聚焦上，Locator 点位置的变更却会影响到摄像机聚焦点的变化，即这个实例就是要把 Locator2 变化的位置作为摄像机聚焦点的位置，使摄像机的聚焦点变得直观，使操作一目了然。

（4）在打开的大纲窗口中执行 Display（显示）→Shapes 命令，使 Display 面板中的 Shapes 处于勾选状态，这样，在大纲窗口中一直隐藏着的物体 Shape 节点就显露出来了，

图 9-12 和图 9-13 就是执行命令前后的大纲窗口的变化。

（5）执行 Window→Generel Editors（综合编辑器）→Connection Editor（连接编辑器）命令，打开 Connection Editor（连接编辑器）窗口，现在可以看到两边的栏里面都是空的。

打开大纲窗口，并在大纲窗口中单击 distanceDimension1 前面的"＋"号小方框，将 distanceDimension1 组全部展开，然后单击 distanceDimensionShape1 节点，在 Connection Editor（连接编辑器）中单击左上方的 Reload Left 按钮，这样刚才被选中的 distanceDimensionShape1 节点的全部属性就在 Connection Editor（连接编辑器）左侧窗口中全部展开了。

图 9-12

图 9-13

用相同的方法，将大纲窗口中的 CameraShape1 节点选中，单击 Connection Editor（连接编辑器）右上方的 Reload Right 钮，将其属性也全部展开，如图 9-14 所示。

图 9-14

（6）在已经分别引入了 distanceDimensionShape1 节点和 CameraShape1 节点的 Connection Editor（连接编辑器）中，找到左侧 Outputs 栏中的 Distance 属性，并用鼠标左键单击将它选中，在右侧的 Inputs 栏中找到 Focus Distance 属性，也将它单击选中。

这时会发现，左右被选中的 Distance 属性和 Focus Distance 属性都已经以斜体的方式在

Connection Editor（连接编辑器）显示了，这说明这两个不同节点的属性已经被关联在一起了，如图9-15所示。

图 9-15

这时在先前所创建的 Distance Tool（长度测量工具）已经被派上用场了，因为它所创建出来的 Locator 点已经被作为聚焦的控制点了，下面就可以自由地对视图中的摄像机聚焦点进行直观而精确地定位了。

（7）在大纲窗口中单击选中 Locator2，并使用移动工具将其移动到想要作为聚焦点的位置，在这里选择移动的位置是在第二个杯子处。

这时虽然看到摄像机的 Aim 点没有动，但实际上聚焦点已经被 Locator2 点定位好了，定位的位置如图9-16所示。

图 9-16

（8）打开摄像机的属性设置面板，确定 Depth of Field 卷轴栏中的 Depth of Field 前面的小方框中已经打上勾了，并调节 F Stop 值为 1.2，如图9-17所示。现在可以开始进行最终的渲染了，渲染效果如图9-18所示。

F Stop 是调节焦距大小的一个参数，它的属性参数值越小，焦距就会越短，反之焦距则会越长。

图 9-17　　　　　　　　　　　　　　　　图 9-18

本实例的最终源文件是教学资源（可到华信教育资源网下载，网址见前言）中的 9-1-Camera-ok.mb。

9.3　摄像机运用技巧

对于 Maya 中的摄像机，我们经常要用到的参数很少，使用起来也相对简单。但是抛开参数，仅就它的使用技巧而言，要学习的 Maya 以外的知识却很多，也难得多。

一部优秀的动画作品是由很多优秀的镜头所组成的，而镜头是指从一个角度连续拍摄的画面。也可以这么说：从摄像机开机拍摄，到它被关闭，这段时间所获得的影像就是一个镜头。

什么样的镜头才算是一个优秀的镜头？这里不仅仅包含镜头的构图、景别、运动、角度、节奏等基本细节，还要看它是否对整部片子的情节起到积极作用。现在，我们就来对 Maya 中摄像机的使用技巧简单地做一些介绍。

9.3.1　镜头景别

景别主要是指摄像机与被摄对象间距离的远近，从而造成画面上形象的大小变化。一般情况下，景别大致可以分为远景、全景、中景、近景、特写等。

远景镜头：基本要在画面中显示场景中的所有内容，告知观众这个故事发生在一个什么样的环境下。如图 9-19 所示，观众可以从这个镜头中被告知：这是一个办公环境，桌子上成堆的文件喻示着这是一个疯狂工作的办公环境。

图 9-19

远景主要是相对而言，因为上图中可能实际距离只有 10m 左右，但是发生的所有故事都会在这个场景中展开，因此这已经是场景中最远的距离了。

　　在《星际争霸Ⅱ》这款游戏的虫族 CG 视频中有一段大规模进攻的动画，这应该算是比较远的远景效果了，如图 9-20 所示。

图 9-20

　　全景镜头：出现人物全身形象或是场景全貌的镜头，它比远景镜头距离角色更近。这种镜头非常适合表现丰富的肢体动作，或者场景中要发生的事件，如图 9-21 所示。

　　图 9-22 是《星际争霸Ⅱ》人族制造机枪兵的过程 CG 动画，全景表现出制造的全过程，以及场景中各种机械运动的效果。

　　中景镜头：显示人物臀部以上（或以下）部分形象的镜头，摄像机与角色之间保持着充分的距离，以便能够看清楚角色以及周边的环境。它比全景镜头距离角色更近，能够使观众更清楚地看到角色上半身（或下半身）的动作，传达效果更好。图 9-23 就可以充分表现主角拼命打字、工作的状况。

图 9-21

图 9-22

图 9-23

动画片《超级无敌掌门狗》中，居民惊讶的夸张动作由于只有上半身运动，因此使用的是中景镜头，如图9-24所示。

图 9-24

近景镜头：显示人物肩部或胸部以上形象的镜头，可以更加深入刻画角色的情感，比较适合表现头部动作。图9-25就可以表现主角叹气、摇头的效果。

在动画片《怪物公司》中，近景镜头很好地表现了面部的动作，如图9-26所示。

图 9-25

图 9-26

特写镜头：显示人物面部表情的镜头，可以细致充分地表现人物面部表情细节，在刻画人物情绪时尤其常用，极近的镜头也拉近了观众与角色之间的距离，使观众能够更加充分地感受到角色的情绪，如图9-27所示。

图 9-27

动画片《超级无敌掌门狗》中，两主角对话的场景，使用特写镜头就很好地反映出两主角截然不同的心情，如图9-28所示。

图 9-28

9.3.2　镜头角度

一般常用的镜头角度可以分为仰视、平视、俯视、倾斜和鸟瞰几种。

仰视镜头：把摄像机放在低于被摄物体的位置，然后把摄像机头部稍稍抬起，由下往上进行拍摄，如图 9-29 所示。

图 9-29

当一名角色出场的时候，经常会使用这种仰视镜头，可以突出表现这名角色在故事中的地位。仰视的角度也会让观众产生敬畏的感觉。图 9-30 所展示的效果，可以体现出一名战士在上战场之前的大无畏精神。

图 9-30

平视镜头：使摄像机和被摄物体处于水平的位置，然后进行拍摄，如图 9-31 所示。

这是一种中性的镜头，由于观众和角色处于同一水平线上，并且直接对着眼睛，因此往往让观众感到和角色处于同一地位。这也是使用最频繁的镜头角度。

俯视镜头：与仰视角度相反，使摄像机角度高于被摄物体，从上往下进行拍摄，如图 9-32 所示。

图 9-31　　　　　　　　　　　　　　　　图 9-32

这样的镜头表现人物，经常是暗示着这个人物地位的卑微，和面对世界的渺小。在战争片中，很多这样的镜头，来表现士兵在战争中的地位，如图 9-33 所示。

图 9-33

倾斜镜头：这是一种比较特殊的镜头类型，也被称为"荷兰镜头"或"香港镜头"，通过对摄像机镜头的倾斜，画面水平线不再保持平行，从而使画面效果具有更多的戏剧性。图 9-34 的效果，就表现出巨大的工作量即将压垮一名工作者的效果。

图 9-34

以上所介绍的都是最常用的镜头效果，如果希望深入学习镜头运用，可以参考一些导演方面的书籍。

本 章 小 结

这一章介绍了 Maya 摄像机的基本操作，以及镜头运用的技巧。

在很多的学生作业中，绝大多数学生都会把精力放在建模、材质、灯光、动作这些技术上面，在最后输出影片的时候，往往是随便架设一架摄像机了事，这样使影片的最终效果大打折扣。希望大家在学完本章后能够在镜头方面有所提高。

思 考 题

将前面练习中所制作的场景打上摄像机，运用本章所学到的知识进行设置。

第 10 章　基础动画部分

在给其他专业学生上课的时候，只要演示动画效果，哪怕只是让角色眨一下眼睛，都会听到下面的阵阵惊呼声。动画的魅力就在于让画中的人物或物体动起来，而不动的画只能称之为角色设定、场景设定。

本章来学习怎样在 Maya 中制作运动的动画，在这之前，需要大家记住一位动画大师格里穆·乃特维克的话：动画的一切皆在于时间点（Timing）和空间幅度（Spacing）。

这句话实际上点出了动画的本质，动画中最重要的两个因素就是"空间"和"时间"。

上述这些仅仅是关于动画的最本质的理解，但对于动画制作，尤其是软件操作人员来说，最基本的依然是软件的制作工序。

无论哪个软件，在制作动画的时候，最基本的要素一定是"Key"，即"关键帧"。我们知道，动画中最基本的组成部分就是帧，一帧就是一副画面，而一秒要播出 25 帧左右才会让肉眼感觉运动流畅。那么，什么又是关键帧呢？

"关键帧"指角色或者物体运动或变化中关键动作所处的那一帧，关键帧与关键帧之间的动画可以由软件来创建，称为过渡帧或者中间帧。在图 10-1 中，球体运动的起始点和结束点被设置为关键帧，这两个关键帧之间的过渡帧就可以被 Maya 自动创建出来。

如果希望物体运动复杂一些，关键帧就要设置得多一些，如图 10-2 所示。

图 10-1

图 10-2

下面我们将通过一个简单的例子来进行阐述。

10.1　基础关键帧实例——小球跳跃动画

（1）首先在场景中创建一个球体和一个作为地面的平面，将球体放置在地面的一侧，并选中球体执行 Modify→Freeze Transformations 命令，将球体的所有数值全部清零，如图 10-3 所示。

（2）在 Maya 中最常用的创建关键帧的方法有 3 种：一种是选中物体，执行 Animate→Set Key 命令；另一种是选中物体，按键盘的 S 键；第三种则是在物体属性栏上单击鼠标右键，选择 Key Selected 命令，如图 10-4 所示。

图 10-3

图 10-4

在设定关键桢之前，需要做一些准备工作。选中小球，按键盘的 Insert 键，移动它的轴心点到球底正中间的位置，再按 Insert 键恢复，这样做的目的是为了后面制作放缩动画，如图 10-5 所示。

图 10-5

（3）在界面右下方，设置时间轴的总帧数为 60 帧。

下面我们来设定小球的弹跳关键帧，由于要设定的属性较多，所以可以通过按键盘上 S 键来设定。时间滑块放置在第一帧，按 S 键，设定一个关键帧。然后就可以看到，通道栏小球所有的属性都变成浅红色，时间轴第一帧的位置也出现了一条红色的线，表明关键帧设置成功，如图 10-6 所示。

图 10-6

　　这时可以将小球随意移动，但是一拖动时间轴，会看到小球会迅速回到设定关键帧的那个位置。

　　（4）继续设定下面的关键帧。将时间轴上的滑块拖动到第 10 帧，把球向上并向右移动一些，按 "S" 键打上关键帧；第 20 帧，把球向右并向下移动到地面的位置，按 "S" 键打上关键帧。这样拖动时间滑块，会看到小球已经开始跳动了，如图 10-7 所示。

图 10-7

　　查看的时候也可以把运动轨迹打开：选中小球，执行 Animate → Create Animation Snapshot 命令，就可以显示小球的运动轨迹，查看完以后按 "Ctrl＋Z" 组合键，回到显示运动轨迹之前，再进行后面的调整。

　　（5）现在设定第二次跳跃，应该比第一次跳跃的力度要减少一些，因此在第 28 帧处调整位置，高度要比第 10 帧低一些，距离也比第一次跳跃要短，并设定关键帧；第 36 帧处也同样调整位置，并设定关键帧。第二次跳跃 16 帧就完成，比第一次跳跃少 4 帧，如图 10-8 所示。

图 10-8

　　（6）接下来要设定第三次跳跃，分别在第 42 帧和 49 帧调整小球的位置，跳跃的高度和距离要比第二次要小，然后设定关键帧，使其运动轨迹如图 10-9 所示。

　　（7）第四次跳跃，分别在第 54 帧和 59 帧调整小球的位置，跳跃的高度和距离要比第三次要小，然后设定关键帧，使其运动轨迹如图 10-10 所示。

图 10-9

图 10-10

（8）现在可以单击时间轴右侧的播放键来观看运动效果，由于 Maya 中运动速度显示并不准确，因此如果希望看到真实的运动效果，可以在时间轴上单击鼠标右键，在弹出的菜单中选择 Playblast 命令，这样 Maya 就会在所在的视图中，将物体的运动以抓屏捕捉的方式生成一段视频，生成完毕后会自动弹出播放，这样就会看到场景中物体的真实运动速度，如图 10-11 所示。

图 10-11

（9）真实的小球运动看起来软绵绵的，这是由于过于匀速所造成的。如果认真观察真实的小球跳动就会发现，小球离开和即将到达地面的速度是最快的，而到达最高点的时候速度会稍稍变慢。

现在我们来调整这种变速效果。选中小球，执行 Window→Animation Editors→Graph Editor，打开它的设置窗口，并按 "A" 键，将所有的曲线都显示出来。

在其窗口中能够看到 4 条曲线，每单击一条曲线，左侧的窗口就会跳转到该曲线的属性上面去，如图 10-12 所示。

图 10-12

（10）由于我们需要调整的是在 Y 轴上移动的数值，因此在左侧栏中单击 Translate Y，使右侧窗口只显示 Translate Y 的数值变化曲线。

选择最下面一排的点，即小球落地的那 5 个关键帧，单击上方的尖角按钮，使它们由平滑的曲线改变为较大的转折，如图 10-13 所示。

图 10-13

（11）现在来看一下小球运动轨迹的变化，由于调整了落地时关键帧的效果，使小球在落地时弹起较快，如图 10-14 所示。

图 10-14

（12）实际上现在我们所制作的小球只能算是一个硬球，如果希望把它做成一个皮球，那还需要做些调整。

皮球是软的，落地的时候由于受到惯性，会被挤压变形。

将时间轴上拽到第 20 帧，使用放缩工具，将小球压扁一些，并按"S"键设定关键桢，这样小球在第一次落地的时候会有被挤压变形的效果，如图 10-15 所示。

（13）分别设定第 1 帧、第 20 帧、第 36 帧、第 49 帧、第 59 帧时小球被挤压的效果，运动轨迹如图 10-16 所示。

图 10-15

图 10-16

（14）虽然现在小球落地有了被挤压的效果，但运动起来还是看起来很古怪，这是因为小球只有落地的那一帧是被压扁的，即将落地和被弹起的时候都是被拉伸的效果。

依然在小球第一次落地的位置上进行调整。小球落地是第 20 帧，分别在设置第 19 帧和第 21 帧的时候，使用放缩工具将小球向上拉伸一些，并按"S"键将它们打上关键帧，运动轨迹如图 10-17 所示。

（15）分别在小球第 2 帧、第 19 帧、第 21 帧、第 35 帧、第 37 帧、第 48 帧、第 50 帧、第 58 帧处，将小球向上拉伸，并按"S"键将它们打上关键帧，再播放会看到小球的弹性好多了，运动轨迹如图 10-18 所示。

图 10-17

图 10-18

（16）现在继续为动画添加细节。分别在小球第 19 帧、第 35 帧、第 48 帧、第 58 帧处，将小球向左旋转 15°；在第 2 帧、第 21 帧、第 37 帧、第 50 帧处，将小球向右旋转 15°，并按"S"键将它们打上关键帧，再播放会看到小球的弹跳有了更多的方向性，运动轨迹如图 10-19 所示。

图 10-19

这样，我们的小球跳跃动画就制作完成了。完成的动画 Maya 源文件是教学资源（可到华信教育资源网下载，网址见前言）中的 10-1-ball.mb。

这个实例比较简单，但却是每一个动画人都经历过的练习，同时也是我们了解 Maya 动画的第一步，下面的实例还会带来更多的乐趣。

10.2 摄像机动画实例——炮弹飞向敌营

这个实例是调整摄像机跟随空中飞行的炮弹一起飞向敌营的动画，最终效果如图 10-20 所示。

图 10-20

打开教学资源（可到华信教育资源网下载，网址见前言）中的 10-1-war.mb 文件，视图中有一个很大的场景，并在一角有一处敌营的建筑物，如图 10-21 所示。

图 10-21

（1）执行 Create→Cameras→Camera（摄像机）命令，创建一个摄像机，并在视图菜单中执行 Panels→Perspective→CameraShape1 命令，切换到摄像机视图。

执行视图菜单中的 View→Cameras Settings→Resolution Gate 命令，打开摄像机视图的分辨率框，框中显示的部分是将要被渲染出来的。

我们希望炮弹能够飞得远一些，所以操纵摄像机视图，使其位于场景中敌营的对角位置，如图 10-22 所示。

（2）现在我们来看一下，怎样在摄像机视图中，直接为摄像机打上关键帧。

先来调整时间轴长度为 200 帧，在摄像机视图中，执行视图菜单的 View→Select Camera（选择摄像机）命令，这样视图中的分辨率窗口就会呈白色显示，即视图的摄像机被选中了。

图 10-22

在第 1 帧的位置直接按"S"键设定摄像机的关键帧，如图 10-23 所示。

图 10-23

（3）由于这个镜头主要表现远程火炮从较远的位置向敌营开炮，炮弹经过长时间的空中飞行，直扑敌营的效果，因此我们希望炮弹在空中停留的时间长一些。

在时间轴上将时间滑块拖动到第 159 帧，将摄像机视图移动到敌营的上方，按"S"键打上关键帧，如图 10-24 所示。

图 10-24

（4）飞行到敌营上空以后，炮弹要下落，这个过程中因为受到重力的影响，速度会加快，同时快速的下降也会使视觉产生震撼效果。

时间滑块拖动到第 200 帧，操纵摄像机视图指向敌营中间的弹药箱上，这样，仅有的 60 帧时间能够很好地表现炮弹急速下落的过程，如图 10-25 所示。

图 10-25

（5）保持摄像机的选择，执行 Window→Animation Editors→Graph Editor 命令，打开动画曲线编辑器，在左侧选中 Translate Y 和 Translate Z 项，使右侧窗口中只显示这两项的动画曲线。

将这两项的倒数第二个关键帧，分别向上和向下移动一些，这样可以使下落速度更快，视觉冲击更强。

如图 10-26 所示右侧窗口中，蓝、绿色曲线是调整以前的，白色曲线部分是调整好的。

图 10-26

（6）现在来调整炮弹部分。新建一个 Polygon 球体，进入点级别，将它调整为前面大后面小，类似于流星的形状。修改完如果转折太大，可以执行 Mesh→Smooth 命令，将它光滑一下。

执行 Window→Rendering Editor→Hypershade 命令，在 Hypershade 窗口中新建一个 Lambert 材质，修改颜色为橘黄色。

在 Special Effects 卷轴栏中，将 Glow Intensity 值修改为 4，使模型自发光效果强烈，并勾选 Hide Source，隐藏模型，只保留自发光的效果，如图 10-27 所示。

（7）由于场景太大，再来重新调整炮弹飞行的关键帧，并使其位置与摄像机匹配难度较大，因此，在第 1 帧的位置上调整炮弹位于摄像机视图内，打开大纲窗口，将炮弹模型作为摄像机的子物体，这样炮弹的运动轨迹就调整好了。播放动画，会看到炮弹模型始终处于摄像机视图内，如图 10-28 所示。

图 10-27

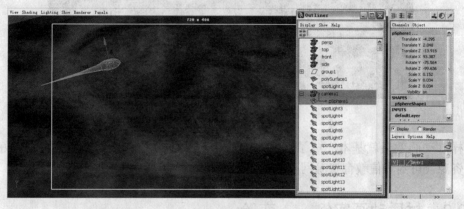

图 10-28

（8）现在炮弹在视图中的位置从始至终都是完全一样的，这就需要进行一些微调。

选中炮弹，分别在时间轴的不同帧数上改变位置，并设置关键帧。在炮弹开始下落时进行旋转，使炮弹大头朝下，如图 10-29 所示。

图 10-29

（9）只有一颗炮弹似乎太孤独了，选中炮弹模型并再复制两个，将它们调整到不同的角度，都设置为摄像机的子物体，如图 10-29 所示。

（10）依然在时间轴的不同帧数上调整它们的位置，使 3 颗炮弹看起来像你追我赶似的，但记得下落的时候使它们大头朝下，如图 10-31 所示。

图 10-30

图 10-31

　　这样，动画效果就基本完成了，有兴趣的话可以渲染出视频格式观看。制作好的文件为教学资源（可到华信教育资源网下载，网址见前言）中的 10-1-war-ok.mb 文件。

10.3　材质动画实例——变脸

　　川剧中的变脸是一门独特的艺术，并且由于它的神秘，使越来越多的人对它充满了兴趣。虽然我们不知道它的原理，但是可以在 Maya 中来实现，如图 10-32 所示。

图 10-32

　　打开教学资源（可到华信教育资源网下载，网址见前言）中的 10-3-mask.mb 文件，场景中的人物动作已经调好了，灯光、背景也都设置完毕，角色脸部前面有一个面具，我们将使用这个面具来完成变脸的整个过程，如图 10-33 所示。

　　（1）执行 Window→Rendering Editors→Hypershade 命令，打开 Hypershade 编辑器，新建一个 PhongE 材质球，单击 Color 属性后面的贴图钮，选择 File，并选择教学资源（可到华信教育资源网下载，网址见前言）中的 10-3-1.jpg 文件，是一张脸谱。将 PhongE1 材质球指定给面具模型，会看到贴图位置出现错误，如图 10-34 所示。

图 10-33

图 10-34

（2）选择面具模型，打开 Create Uvs→Planar Mapping 的命令设置面板，设置 Projectfrom 为 Z 轴向，单击"Apply"按钮。将平面坐标拉大，使脸谱完全罩着模型，如图 10-35 所示。

图 10-35

（3）由于贴图的改变是不能做成动画效果的，因此，如果涉及不同的贴图，都需要使用 Layered Shader 材质来制作。

在 Hypershade 里新建一个 Layered Shader 材质球，并打开它的属性面板，使用鼠标中键，将刚才做好的 PhongE1 材质球拖动到它的 Layered Shader Attributes 中，并将前面的绿色材质删除。将设置好的 Layered Shader 材质球指定给面具模型，渲染看到与 PhongE1 材质球的效果没有任何区别，如图 10-36 所示。

图 10-36

（4）在 Hypershade 窗口中选中 PhongE1 材质球，执行 Hypershade 菜单中的 Edit→Duplicate→Shading Network 命令，复制出一个 PhongE2 材质球，并双击打开它的属性面板，将教学资源（可到华信教育资源网下载，网址见前言）中的 10-3-2.jpg 文件重新指定给 Color 属性，这是另外一张脸谱图片，如图 10-37 所示。

图 10-37

（5）选择 PhongE2 材质，用鼠标中键拖动到 Layered Shader 材质球的层级面板中，顺序位于 PhongE1 材质的后面，如图 10-38 所示。

图 10-38

（6）接下来就要设置材质的动画效果。先来拖动一下时间轴，观察一下角色的动作，发现角色是在第 40～50 帧将头背过去，第 51～55 帧不动，第 56～60 帧将头转过来，那么材质的动画就需要在第 51～55 帧的时候完成。

实际上材质的动画就是调节 Layered Shader 材质球靠前层级的透明度，来使下面层级的材质显示出来，现在 PhongE1 材质球在最顶层，所以面具模型显示的就是 PhongE1 的材质，现在要调整它的透明度，使下一层级的 PhongE2 材质球显示出来，如图 10-39 所示。

图 10-39

（7）由于材质球的属性极多，因此不能直接按"S"键将所有的属性都打上关键帧。

将时间轴拖动到第 51 帧位置，选择 PhongE1 材质球，并打开属性面板，在 Transparency（透明度）属性上右键单击，选择 Set Key，这样就只对透明属性添加关键帧，而不会对其他属性产生任何影响，如图 10-40 所示。

图 10-40

（8）再将时间轴拖动到第 55 帧，将 Transparency（透明度）属性的颜色设置为纯白色，即完全透明，并使用鼠标右键选择设置关键帧，这样在第 51～55 帧就完成了 PhongE1 材质的逐渐完全透明，并透出 PhongE2 材质的动画，如图 10-41 所示。

图 10-41

在教学资源（可到华信教育资源网下载，网址见前言）中一共提供了 5 张脸谱图，感兴趣的读者可以拿来制作变脸 5 次的动画，一定会很有意思的，如图 10-42 所示。

图 10-42

（9）由于我们希望在片中出现一些灯光的变化以烘托气氛，因此要对场景内的光源做一些动画效果，如图 10-43 所示。

图 10-43

最好的效果就是从角色刚开始转头时，就使灯光开始变弱，因此将时间滑块拖动到第 41 帧处，打开 Outline（大纲视图），选择主光源 SpotLight1，并打开属性面板，设置 Intensity（灯光强度）关键帧，如图 10-44 所示。

图 10-44

（10）将时间轴拖动到第 50 帧，即角色背过头的时候，设置 Intensity 值为 1，降低灯光强度。再在第 55 帧也打上关键帧，这样第 50～55 帧之间，灯光强度就维持不变。在第 60 帧时，即角色转头回来的时候，将灯光强度调回 2，并设置关键帧，如图 10-45 所示。

（11）如果我们多设定几次变脸，那么每变一次，灯光的属性就要打一次关键帧。如果不希望这么麻烦，可以将灯光的变化设置一个循环，让它无休止地循环下去。

注意观察，发现每变一次脸的时间长度是 60 帧，但灯光的设定是从第 41 帧开始，到第 60 帧结束，一次循环只有 20 帧。

图 10-45

将时间滑块拖动到第 1 帧位置，再为灯光强度设定一个关键帧，这样灯光的一个循环就是从第 1 帧开始，到第 60 帧结束，和变脸的时间长度一样了。

选中主灯光 SpotLight1，执行 Window→Animation Editor→Graph Editor 命令，打开动画曲线编辑器，在左侧窗口中选择主光源的 Intensity 属性，右侧会显示出它的变化曲线，如图 10-46 所示。

（12）执行 Graph Editor 菜单的 Curves→Post Infinity→Cycle 命令，这样灯光强度的变化就会以这 60 帧为一个循环，无限地播放下去，如图 10-47 所示。

制作完毕的动画源文件就是教学资源（可到华信教育资源网下载，网址见前言）中的 10-3-mask-ok.mb 文件。

图 10-46

图 10-47

本 章 小 结

这一章对 Maya 的动画部分做了一个大致的叙述，并列举了几个重要动画设置的方法，实际上动画调整主要在于关键帧和曲线的调整，希望大家在练习后不要仅仅满足于书上的实例，还要能够举一反三，对不同的属性都进行一些变化，以增强自己这方面的知识和能力。

思 考 题

将其他的属性也进行一些动画的设置，看看能够发生哪些变化，并能够运用到哪一方面的制作中去。

第 11 章　面部表情系统

对于动画中的角色来说，模型和材质部分只是它的外表，而它的性格、行为部分才是起决定作用的，这就是为什么一些角色的设定很一般，但却在动画中的表现很出色，从而受到普遍欢迎的原因。

作者在国内高校的动画专业中任教，也曾去过很多所高校的动画专业考察过，发现国内的角色设计课程有一个普遍的误区，即完全重视角色的外观设计，包括体型、五官、服饰，但角色的性格、语言、行为方面的设计几乎忽略不计，这也是国内动画角色不能够深入人心的一个重要原因。

因此，对于角色来说，怎样表现它的性情，就需要通过动画来解决。

一个人的情绪可以有喜、怒、哀、乐等，这些细微的情绪变化在大多数情况下都能够通过脸部的表情反映出来，脸部表情的变化主要由嘴部、眼睛和眉毛来体现。另外，角色的说话也是通过嘴部来表现的，如图 11-1 所示。

图 11-1

本章主要介绍 Maya 的表情系统部分，大家可以用前面实例中制作的角色来完成本章的实例。

目前表情动画可以通过以下几种方法来实现：

（1）使用摄像机录下一段真人表情动作，再通过外部的软件进行识别，将真实的表情数据运用到模型中，这种方法的优势是可以在短时间内完成表情和口型的动画，但缺点是夸张程度不够。

（2）在 Maya 中，使用骨骼、簇等方式来制作表情动画，优点是可以做得很细，但缺点也显而易见，即大量的骨骼、簇会使场景复杂起来。

（3）在 Maya 中，将头部模型复制出来，每个头部模型调为一种表情和口型，再使用 Blend Shape（融合变形器）将这些表情指定给原始模型，再配合线控等控制器调整细节。这是目前主流的一种制作方法，可以在较短的时间内调整出较好的表情动画，而且在指定为表情后，大量的表情模型即可删除掉，不会给场景带来更多的模型，从而达到节省系统资源的目的，如图 11-2 所示。

第（3）种制作方法也是我们本章所要学习的内容，事实上用这种方法来制作表情动画，所需要掌握的命令很少，只有 4～5 个，因此在技术上难度并不高，关键是对表情以及表情动画的掌握，在制作的时候可以拿一面镜子摆在自己面前，边做边看真实的表情是什么样的。

图 11-2

11.1 基础表情设定

在制作表情的时候，一些无关的模型，例如身体、头发、牙齿、舌头、眼球等都可以暂时隐藏起来，以免对制作造成影响。

（1）打开没有光滑之前的低精度模型，按键盘的"Ctrl＋D"组合键，复制出一个模型并移到旁边，如图 11-3 所示。

（2）进入到点级别，我们先来调整微笑的表情。要注意的是，我们先调整一侧的嘴角，另外一侧我们会通过另一种方法来实现。

进入到点级别，调整嘴角的点的位置，使一侧的嘴角微微上翘，如图 11-4 所示。

图 11-3

图 11-4

（3）再复制一个原始模型，我们要调整另一侧的嘴角。之所以要将一个微笑的表情分为两个模型来调整，是因为在后面的动画制作中，有可能会出现只翘一侧嘴角的撇嘴表情。分两个模型单独调节一侧嘴角，不但可以完成两侧的撇嘴表情，而且在需要两边嘴角同时翘的时候，只需要两个参数一起调整即可。

由于现在已经完成了一侧嘴角的调整，另一侧最好是绝对对称的。但是如果继续进入点级别调整，工作量无疑会加大，而且也不可能调整到和另一侧绝对对称，因此这里需要使用一个小的 MEL 插件来制作。

在实际的工作中经常会用到 MEL 插件，一来它可以帮助我们减少很多的工作量，二来它本身体积也很小，操作起来也很简单。我们先来看一下怎样安装小的 MEL 插件。

在本书的教学资源（可到华信教育资源网下载，网址见前言）中找到 MirrorBlendShape 插件的文件夹，复制其中 scripts 目录下的 ntMBS.mel 文件，粘贴到"我的文档"中 \maya\2008（看个人使用的 Maya 版本）\scripts 文件夹下。

然后在 Maya 中，执行 Window→Genaral Editors→Script Editor（脚本命令编辑器）命令，在下方输入"ntMBS;"，实际上就是 ntMBS.mel 的文件名，然后选中输入的这几个字母，使用鼠标中键拖动到 Maya 的工具栏上，这样工具栏上会出现一个 MEL 图标，单击即可打开 MEL 命令的主界面，如图 11-5 所示。

图 11-5

（4）我们来看一下这个 MEL 插件的使用方法，先选中最原始的头部模型，在 MEL 插件的主界面中，单击一下 Base geometry（原始模型）后面的"sel"按钮，再来选中一侧嘴角翘起的表情模型，单击 MEL 插件主界面的 Geometry to mirror（镜像模型）后面的"sel"按钮，最后再单击"MirrorBlendShape"按钮，这时原始模型的另一侧会生成另一个表情模型，而这个表情模型是翘起另一侧嘴角的，如图 11-6 所示。

图 11-6

这个 MEL 插件的使用可以帮助我们节省几乎一半的工作量，而使用却如此简单，这就是 MEL 插件被普遍运用的原因，几乎每一个 Maya 制作人员的工具栏上，都或多或少有几个自己常用的 MEL 插件图标。

（5）使用同样的方法，将两个眨眼的表情也制作出来。其实如果认真观察会发现，眨眼一般是上眼皮落下来，而下眼皮基本保持不动，因此在制作的时候主要调整上眼皮，下眼皮运动的幅度较小，如图 11-7 所示。

（6）接下来继续制作其他表情，实际上有一些表情是没有办法左右分开做的，例如张嘴等动作，这些表情就可以单独作为一个模型来制作。

现在主要制作嘴部和眼睛部分的动作，除了按照表情以外，也可以按照说话的口型来制作，一般制作要求很高的动画，角色的表情模型就达到 40、50 个之多，如果是一般的动画，20 个左右就完全够用了，如图 11-8 所示。

图 11-7

图 11-8

在调整表情的时候，可以对照着镜子，自己做出相应的表情和口型，对照着来调整。也可以找一些参考书籍，例如美国的马克·西门所著的《面部表情大全》就收录很多不同程度的表情。

按照口型动画调整的读者，可以参考下面的口型对照表来进行制作，如图 11-9 所示。

图 11-9

另外，表情的夸张也是动画的一部分，尤其是美式动画中表情的夸张非常大，这样往往能产生较强烈的喜剧效果，如图 11-10 所示。

图 11-10

（7）表情模型制作完以后，就可以进行表情动画的设定了。在这之前，需要对所有的表情模型进行重命名，因为生成的表情就是按照模型的名字来命名的。

执行 Window→Outline 命令，打开大纲窗口，分别在大纲窗口中选中模型，并双击名称修改文件名。由于 Maya 不支持中文命名，所以需要使用数字和字母来命名，尽量使自己能够看懂就可以了。

选中所有的表情模型，再按 Shift 键，最后选中原始模型，在 Animation 模块下执行 Create Deformers→Blend Shape 命令，如图 11-11 所示。

图 11-11

（8）执行 Window→Animation Editors→Blend Shape 命令，打开 Blend Shape 的控制面板，可以看到有各个表情的杠杆，随便拖动任意一个，原始模型即可做出该表情。

现在可以将那些表情模型全部删除，只留下原始模型了。再对原始模型进行光滑处理，依然可以使用 Blend Shape 的控制面板调整各表情，但需要注意的是，此时不能再删除原始模型的历史记录，删除了历史记录 Blend Shape 的表情数据将会丢失。

现在可以同时调整多个杠杆，让我们的角色在大笑的同时也可以挤眼睛，如图 11-12 所示。

图 11-12

11.2 线控的使用

在上一节中学习了 Blend Shape 的使用，设定好以后对于基本的表情动画已经可以满足了，但是如果希望在这基础上再进行更细致的调整，就需要添加更多的控制，下面我们来看一下如何设定更加细致的表情调节。

本节的内容也只有一个命令，即 Wire Tool（线控工具），现在我们可以把隐藏着的牙齿、眼珠、材质等都显示出来，便于在细微调整的时候做参考用。

（1）首先我们来设置嘴部的线控。执行 Create→Nurbs Primitives→Circle 命令，创建一个圆形的曲线，放置在角色嘴部的前面，并使用放缩工具，使它的形状和嘴部相吻合，如图 11-13 所示。

图 11-13

（2）在视图中的空白处单击一下鼠标，取消所有选择。在 Animation 模块下，执行 Create Deformers→Wire Tool 命令，使鼠标变成十字光标，先单击头部模型，选中以后按 Enter 键，再单击创建的圆形曲线，选中以后按 Enter 键。这时可以使用移动或放缩工具，对曲线进行调整，会看到模型发生相应的变化。进入曲线的点级别，对点的位置进行调整，模型也会进行相应的变化，这就是线控工具的作用，如图 11-14 所示。

图 11-14

如果操作完毕，但发现调整曲线无法控制模型，或者控制的部位有问题，可以使用"Ctrl＋Z"组合键，回到线控操作以前，对曲线的位置进行调整，例如使曲线距离模型近一些，然后再进行线控的设置，直至正确为止。

（3）现在我们来对曲线的控制范围进行调整。选中模型，在 Animation 模块下，打开 Edit Deformers→Paint Wire Weights Tool（绘制线控权重工具）的命令设置面板，会发现模型变成了全白色，鼠标也变成了笔刷的显示方式。

模型的白色表明曲线所控制的范围，我们现在要用鼠标将那些不想被控制的区域刷成黑色，命令设置面板中 Radius 是控制笔刷半径的，Opacity 是控制笔刷强度的，而 Profile 是几种不同的笔刷类型，如图 11-15 所示。

图 11-15

（4）在 Paint Wire Weights Tool（绘制线控权重工具）的命令设置面板中，将 Paint Operation 设置为 Replace（移除），在模型上进行涂抹会发现没有任何改变。再将 Value 值设置为 0，再涂抹就会看到模型相应的部分变黑了。如果再将 Value 值设置为 1，涂抹又会变白。

除了嘴部之外，其他部分全部涂抹为黑色。在涂抹细部的时候可以将笔刷设置得小一些，另外一些死角，例如耳根、鼻孔、眼皮等处要认真地涂抹为黑色。涂抹完以后，将 Paint Operation 设置为 Smooth（光滑），在黑白的交汇处涂抹，使控制范围的边缘变得柔和，如图 11-16 所示。

图 11-16

涂抹完毕，使用移动工具调整控制曲线的位置，看看设置得是否正确。如果有问题可再次选中模型，打开 Paint Wire Weights Tool（绘制线控权重工具）的命令设置面板，进行修改。

（5）使用同样的方法为鼻子添加线控，需要注意的是：如果一个模型上添加了多个线控，在绘制权重的时候，就需要在 Paint Wire Weights Tool（绘制线控权重工具）的命令设置面板中，选择绘制那条控制线的权重，如图 11-17 所示。

（6）后面可以根据自己的需要，添加其他的线控。添加的时候注意，不要一口气全部设置，应该一个一个来，确定添加的这条线控位置没有问题以后再绘制权重，否则容易出错。

图 11-17

我们是在两边的腮部和眼部又添加了 4 个线控，一共 6 个线控，它们的权重关系如图 11-18 所示。

图 11-18

11.3 眼部细节的设定

在面部表情中，眼睛和嘴巴所占的比例是最大的，其中嘴巴我们已经通过 Blend Shape 完成了口型的设定，并使用线控进行细节的调整，在一般的动画中已经足够使用了。

下面我们来设定一下眼球的动画设置，以及眼球和头部模型的关系。

（1）首先来设定一下眼珠转动的控制。执行 Create→Locator 命令，创建一个临时物体。这个 Locator 临时物体是不会被渲染出来的，我们在这里使用它作为眼珠转动的控制器。

将创建的这个 Locator 放置在左眼的前部，距离线控稍远一点，不要互相干扰。选中 Locator 和眼珠模型，执行 Modify→Freeze Transformations，将它们的所有数值清零。如图 11-19 所示。

图 11-19

（2）选中 Locator，再按 Shift 键选中左眼眼球模型，在 Animation 模块下，打开 Constrain（约束）→Aim（目标点）的命令设置面板，勾选 Maintain Offset 选项，单击"Apply"按钮。现在选择 Locator 并移动，会发现眼球会跟着 Locator 进行转动，如图 11-20 所示。

再新建一个 Locator，使用同样的方法，将另一个眼球模型和新建的 Locator 进行设置。

（3）现在可以找一面镜子，自己对着镜子观察眼睛，眼球向上的时候，会发现眼部周围的肌肉跟着向上移动了一些，向下、向左、向右都是如此，现在我们就来设定这部分的动画效果，这里要牵扯到一些函数的设定，非常简单，只要小学 2 年级的数学水平就可以看明白。

图 11-20

先来重新给场景中的各个物体命名，主要是眼部的线性控制器和两个 Locator 物体。名字可以随意设定，只要自己和合作伙伴能认出来就行。

实例中设置左眼的线性控制器名称为 eye_L_L，右眼的线性控制名称为 eye_R_L，左眼的 Locator 名称为 eye_L_Locator，右眼的 Locator 名称为 eye_R_Locator。

现在来执行 Window→Animation Editors→Expression Editor（函数编辑器）命令，打开 Expression Editor（函数编辑器）的主界面，在下方的 Expression 栏中输入函数：

eye_L_L.ty=eye_L_Locator.ty/20;

eye_L_L.tx=eye_L_Locator.tx/100;

注意后面的分号"；"一定要打上去，否则会出错。

这两行函数的意思就是左眼的线性控制器（eye_L_L）的 ty（Translate Y，即 Y 轴的位移值）数值，等于左眼的 Locator（eye_L_Locator）的 ty 除以 20 的数值。

左眼的线性控制器（eye_L_L）的 tx（Translate X，即 X 轴的位移值）数值，等于左眼的 Locator（eye_L_Locator）的 tx 除以 100 的数值。

实际上就是两个最简单的小学数学题，只不过具体数值让 Maya 帮我们去计算吧。然后单击"Create"按钮。再来选中 Locator 并移动，会发现眼部周围的肌肉会跟随眼珠的转动而发生轻微的改变，如图 11-21 所示。

使用同样的方法设定右眼的控制，右眼的函数为：

eye_R_L.ty=eye_R_Locator.ty/20;

eye_R_L.tx=eye_R_Locator.tx/100;

图 11-21

只要能看明白函数的意思，读者也可以根据自己的模型情况自己来设定。但记得眼部周围肌肉的运动是很轻微的，所以我们才设定眼球数值的 5% 和 1%，设定完以后检查一下，记得不要让眼球转动的时候和头部模型发生穿帮现象。

（4）现在面部表情的设置已经基本完成了，剩下的就是根据剧本的需要，来调节表情和口型的动画了。

但现在依然有两个问题，一个就是这么多控制器摆在场景中，我们在调节其他动画的时候容易造成混乱。这个问题较好解决，新建一个图层，将这些控制器都添加在图层中，不用的时候将图层隐藏就可以了。

另一个问题是：如果现在移动头部模型，会发现模型到别处了，而眼球模型和所有的控制器还在原地。现在就需要将眼球模型和控制器跟头部模型绑定在一起，一般情况下是在骨骼设定完毕以后，将这些绑定在骨骼上的，但是现在绑定也可以。

先选中左眼球模型，再选中头部模型，执行 Edit→Parent（父子物体约束）命令，或直接按键盘的"P"键，这样再来移动头部模型，会看到眼球也会跟着移动了。依次将另一侧的眼球、牙齿、Locator 控制器都绑定在头部模型上，如图 11-22 所示。

图 11-22

（5）线控暂时不绑定，因为如果线控随头部模型移动，模型会出现撕扯现象，如图 11-23 所示。

图 11-23

这是由于线控移动会使 Translate 的数值发生变化，从而导致所控制的模型区域也做出相应的变化。

解决办法也很简单，新建一个摄像机，并重新命名为 Face，放在线控组的前面，使线控组正好在这个摄像机视图的正中间，如图 11-24 所示。

图 11-24

这样，再遇到需要调整面部表情细节的时候，只需要将任意一个视图切换到 Face 视图，就可以对线控进行调整，如图 11-25 所示。

图 11-25

11.4 面部动画的调整

面部动画可以分为两种，即表情动画和口型动画。

表情动画的调整可以根据剧情的需要，配合 Blend Shape、线控等前面所讲到的内容来制作，技术难度并不大，只是对动画师把握表情动画的素质能力要求很高，这方面的书籍可以参考理查德·威廉姆斯的《原动画基础教程》等书。

口型动画要涉及和声音文件的配合，流程也稍复杂一些。通常的做法都是制作人员先简单的配置对话，并将声音文件保存为.wav 格式，再导入 Maya，边听边调整，输出动画以后再找专业的配音演员配音。当然，也可以先让专业的配音演员配好，然后在 Maya 中边听边调整。

在导入 Maya 之前，要对声音文件进行剪辑，最好一个镜头的配音单独保存一个文件，并把音量调至最高，这样可以保证在 Maya 中，声音文件的波峰能显示清楚。

处理声音文件的软件较多，例如 Goldwave 和 Adobe 公司的 Audition 等。

.wav 格式的声音文件名字中不能有中文和数字，必须用字母来命名。另外保存的路径中也不能有中文。

下面看一下.wav 格式的声音文件怎样运用在 Maya 中：

我们现在要导入的是放置在桌面的一个名为"wish.wav"的声音文件。在 Maya 中执行 File→Import 命令，在 Maya 中导入。接着在时间轴上单击鼠标右键不要放手，在弹出的悬浮面板的 Sound 菜单中选中 wish，就会在时间轴上显示出声音的波峰，同时，在时间轴上拖动也可以听到声音。我们就可以根据这些调整相应的口型动画，如图 11-26 所示。

图 11-26

调整的时候一般是先在 Blend Shape 中打上关键帧，然后再在 Graph Editor 中，左侧会显示出所有打过关键帧的表情，再逐一选中进行调整即可，如图 11-27 所示。

图 11-27

口型动画调整的时候，要使动画效果真实可信，除了口型准确以外，时间的细微把握也很重要。

我们小学的时候就学过，下雨的时候，看到闪电以后要等好几秒钟才能听到雷声，这就是光速大于音速的原因。调节口型动画也一样，我们的眼睛会先看到嘴巴的运动，然后耳朵才能听见声音。虽然这之间的时间差极为微小，但观众却能感受得到。因此，口型动作要早于声音，一般情况下提前1～2帧就可以了。

本 章 小 结

这一章对 Maya 的面部表情系统做了较为详细的阐述，从这些阐述中也可以看出，Maya 的面部表情设定并不是很复杂，但是对人物面部表情要有较深刻的理解。这些资料可以参考一些相关的书籍。

思 考 题

使用前面制作过的角色模型，调节一段唱歌的口型动画，并在此基础上随着歌词的变化，添加各种表情效果。

第12章 骨骼系统

上一章我们学习了 Maya 的面部表情系统，本章来学习怎样让一个角色做肢体运动。

肢体运动应该是角色动画中最重要的部分，同时也是最复杂的。它可以分为两个阶段，一个是角色绑定，另一个是调动画。

角色绑定阶段就是使用 Maya 中的骨骼系统，对模型进行绑定，并通过骨骼来控制模型。这项工作对制作者的逻辑关系能力要求较高，一般而言也分这样几个阶段：

（1）骨骼设定。就是把一个角色的骨架搭建起来，并设定好骨骼与骨骼之间的关系。

（2）蒙皮。即把搭建好的骨骼和角色模型进行绑定，可以使用骨骼来操纵模型。

（3）权重。将每一段骨骼控制模型的那一部分设定清楚。

其中最重要也是最复杂的就是骨骼设定阶段，说是复杂实际上是指工作量较大，以及对逻辑关系能力要求较高，仅就技术难度而言，所用到的命令大概也只有 10 个左右。

另一个调动画阶段技术难度不高，主要是靠制作人员对角色运动规律的把握和夸大的能力。

本章我们将重点学习角色绑定阶段，在 Maya 的骨骼系统中，最常用也是重要的命令主要有两个，一个是 Joint Tool（骨骼工具），另一个是 IK Handle Tool（IK 手柄工具）。为了让读者能够在学习专业的角色绑定之前了解这两个命令的作用，我们先来做一个小练习。

（1）首先在场景中创建 3 个圆柱体，并对它们进行旋转和位移的操作，排列成如图 12-1 所示的样子。

图 12-1

（2）在 Animation 模块下，执行 Skeleton→Joint Tool（骨骼工具）命令，在侧视图由下往上、由左往右，分别在三段骨骼的起始点、交接处和结束点单击 4 下，创建出 4 节骨骼，如图 12-2 所示。

打开 Outline（大纲视图），展开 joint1 前面的加号，将所有的骨骼展示出来，会发现骨骼有 4 个，而场景中的骨骼只有 3 段。实际上大纲视图中所体现的只是骨骼节点，前 3 个节点分别对应三段骨骼，而其中最后一个节点基本用处不是很大，这 4 个骨骼节点分别对应场景中的骨骼节点，如图 12-3 所示。

图 12-2

图 12-3

骨骼之间有严格的层级关系，即先创建的骨骼控制后创建的骨骼，依次向后。例如我们选择最先创建出来的 joint1，会发现后 3 段骨骼也都被选中；而选择 joint2，则 joint3 和 joint4 都会被选中，joint1 则不会被选中；而选中最后创建的 joint4 时，则没有其他骨骼被选中。

（3）下面来看一下怎样使骨骼对模型进行简单的绑定。这一步所有的操作都在大纲视图中完成。

选中第一个圆柱体，也就是大纲视图中显示的 pCylinder1，使用鼠标中键，将它拖动到 joint1 上面，这样 pCylinder1 就会成为 joint1 的子物体，并受其控制。同样，将 pCylinder2 和 pCylinder3 分别拖动到 joint2 和 joint3 上。这样，在视图中选中骨骼并操作，会看到模型已经被骨骼所控制了，如图 12-4 所示。

图 12-4

（4）虽然进行了绑定，但模型的动作依然很难调节。再来执行 Skeleton→IK Handle Tool（IK 手柄工具）命令，先在 joint1 处单击一下，再在 joint4 处单击一下，会看到两节骨骼之间出现一条连接线，另外 joint4 中出现了一个手柄。选中手柄进行移动，会看到模型开始扭动起来了，如图 12-5 所示。

图 12-5

IK Handle Tool（IK 手柄工具）的作用就是在两段骨骼之间创建一条连接线，这条连接线像橡皮筋一样，随着两端骨骼之间距离的变化而变长或变短，从而控制两段骨骼和它们之间的骨骼运动。

这两个命令理解了，相当于骨骼动画理解了一大半了，继续加油，接下来我们将开始学习专业的骨骼系统。

12.1　角色骨骼搭建

在设定角色骨骼系统的时候，几乎每一个动画制作人或团队的习惯都不一样，每个公司对每个环节都有一套针对性很强的规定。大到骨骼的装配位置，小到每个骨骼的命名都有较大区别。因此，本章实例起到的是一个基础作用，掌握了本章的知识点，就能够很快地在公司上手。

（1）创建骨骼之前需要对模型进行处理。由于衣服也要和身体绑定在一起，所以要先选中衣服和身体的模型，执行 Mesh→Combine 命令，将它们合并在一起。

由于模型比较复杂，为了避免创建骨骼的时候发生误选，再将模型添加到图层中，并把图层的模式改为"T"，使模型处于灰色不被选择状态，如图 12-6 所示。

图 12-6

（2）在 Animation 模块下，打开 Skeleton→Joint Tool（骨骼工具）的命令设置面板，修改 Orientation 为 None，然后在侧视图中，由下往上，分别在胯部、腰部、肋部、胸部、腋部、肩部、下巴、头顶单击，创建出骨骼，然后按"Y"键重复创建骨骼，先单击下巴的骨骼，再向嘴部单击，再创建出一段骨骼。

如果骨骼在视图中显示得过大或过小，可执行 Display（显示）→Animation（动画）→Joint Size（骨骼尺寸）命令，调整数值即可，如图 12-7 所示。

图 12-7

如果现在发现某一段骨骼的位置不太准确，想对它的位置进行调整，会发现子骨骼也会跟着进行移动，如图 12-8 所示。

图 12-8

正确的移动方法应该是：选中希望移动的骨骼点，按键盘的"Insert"键，这时移动控制器的显示会发生变化，三个轴向上的箭头都消失了，这时再对骨骼进行移动，子骨骼就不会跟着移动了，调整完毕以后再按"Insert"键，使移动控制器显示正常，如图 12-9 所示。

图 12-9

（3）在顶视图中，创建手臂部分骨骼，由左往右，分别在肩膀、肘关节和手腕部分各单击两次，共创建出 6 个骨骼节点。在顶视图调整位置以后，再进入前视图并调整骨骼位置，如图 12-7 所示。

图 12-10

（4）接着来创建 5 根手指的骨骼。由于手部结构复杂一些，为了避免出现混乱，可再次执行 Display（显示）→Animation（动画）→Joint Size（骨骼尺寸）命令，将骨骼的显示尺寸变小。

另外，手指并不在一条水平线上，所以需要在顶视图和前视图中切换进行调整。首先来创建大拇指的骨骼，在手腕处开始，分别在大拇指的根部、关节部、指尖部单击，然后再在两个视图中调整位置，如图 12-11 所示。

图 12-11

（5）继续创建食指的骨骼。由于其他四根手指都比大拇指多出一个关节，因此它们的骨骼数也要多一段。

这次从手掌部开始，分别在食指根部、第一关节处、第二关节处、指尖处单击，然后再在其他视图中进行位置的调整，如图 12-12 所示。

图 12-12

（6）使用同样的方法，将其余 3 根手指的骨骼全部创建并调整好，如图 12-13 所示。

图 12-13

（7）执行 Skeleton→IK Handle Tool（IK 手柄工具）命令，在肩膀部单击一次，再在手腕处单击一次，完成胳膊骨骼的 IK 手柄创建，并进行测试。

如果 IK 手柄显示过大，可执行 Display（显示）→Animation（动画）→ IK Handle Size（IK 手柄尺寸）命令，调整它的大小，如图 12-14 所示。

图 12-14

（8）下面将手臂骨骼与身体骨骼连接在一起。先选中手臂的根骨骼，再按"Shift"键选中身体部分与手臂相对应的骨骼节点，按"P"键，使手臂骨骼成为它的子骨骼，如图 12-15 所示。

图 12-15

（9）另一条手臂的骨骼可以使用镜像骨骼命令制作出来。选中手臂的根骨骼，需要注意的是，和身体连接的那一段骨骼不要选中。打开 Skeleton→Mirror Joint（镜像骨骼）的命令设置面板，选择好正确的镜像轴，单击"Apply"按钮。

有可能镜像出来以后的位置稍稍有点问题，使用旋转工具调整好位置，再将 IK 手柄创建出来，如图 12-16 所示。

图 12-16

（10）现在创建腿部的骨骼。先不要和身体骨骼进行连接，在侧视图中，由上往下，分别在大腿根部两次、膝关节处两次、脚踝、脚跟、脚面、脚尖处单击。在前视图中也先不要调整位置，等腿部全都设置完成以后再进行调整，如图 12-17 所示。

（11）使用 IK 手柄工具，分别在大腿处和脚踝处单击，创建出腿部的 IK 手柄，如图 12-18 所示。

图 12-17

图 12-18

（12）接下来我们设定腿部的反转脚，这一步较为复杂，大家可以根据下面的图示进行操作。

在侧视图中，使用骨骼工具，先在脚部的右下方单击，创建新的骨骼。然后单击顶部菜单栏的捕捉点按钮，打开点捕捉，再依次在创建好的腿部骨骼的脚尖、脚面和脚跟处单击，创建出反转脚骨骼，最后再取消点捕捉，把反转脚骨骼整体向下移动一点，如图 12-19 所示。

图 12-19

（13）先选中反转脚的脚跟，按"Shift"键选中腿部骨骼的 IK 手柄，执行 Constrain→Point（点约束）命令，将 IK 手柄约束在反转脚的脚跟处。

选中反转脚的脚面骨骼，再选中腿部骨骼的脚跟，执行 Constrain→Orient（方向约束）命令，使两段骨骼的方向统一。

选中反转脚的脚尖骨骼，再选中腿部骨骼的脚面，同样执行 Constrain→Orient（方向约束）命令，如图 12-20 所示。

图 12-20

（14）选中反转脚的根骨骼，将整个反转脚向上提，会看到腿部骨骼已经基本被反转脚所控制。反转脚在整个骨骼中可以起到一个地面的作用，即脚部到反转脚的位置就不再继续往下落，膝盖也会自然弯曲，如图 12-21 所示。

图 12-21

（15）打开大纲视图，在大纲视图中选中腿部骨骼、反转脚骨骼和腿部骨骼的 IK，在前视图中将它们移动到腿部的位置，如图 12-22 所示。

图 12-22

（16）由于腿部骨骼设置较复杂，而且还有独立的反转脚骨骼，因此不能直接使用 **Mirror Joint**（镜像骨骼）复制出另一侧的腿部骨骼。这里使用复制选项里面的 **Duplicate input graph**（复制所有连接节点）的属性进行复制。

保持腿部骨骼及其 IK，还有反转脚骨骼的选择，打开 Edit→Duplicate Special 的命令设置面板，勾选"Duplicate input graph"，单击"Apply"按钮，并将复制出来的所有腿部骨骼移动到另一条腿的位置，如图 12-23 所示。

图 12-23

（17）选中一侧腿部的根骨骼，再选中身体的根骨骼，按"P"键连接，另一侧腿部也使用相同方法。这样，一套完整的骨骼系统就创建完毕，如图 12-24 所示。

图 12-24

本节所演示的骨骼仅仅只是基础，接下来要为这套骨骼系统添加更多的控制器，其中要涉及大量的函数及数学部分，这也是专业动画公司的设置方法。

如果是制作对动画要求不高的角色，这套骨骼系统已经基本够用了，可以直接跳到蒙皮部分继续学习。

12.2 骨骼系统的装配

（1）由于手臂和腿部的装配设定比较多，如果两边分别进行设置，工作量会增加一倍，因此在装配之前要先删除一侧的手臂和腿部，单独装配好另外一侧，再进行复制。

删除完一侧的骨骼后，将另外一侧的骨骼和身体骨骼打断。选中手臂的根骨骼，即手臂 IK 手柄的起始点所在的骨骼，执行 Edit→Unparent（取消父子物体链接）命令，将与身体的连接打断。使用同样的方法，将腿部与身体的连接也打断。

另外，由于骨骼都已经对位了，因此身体模型也可以暂时隐藏，以免干扰。将身体模型图层最前面的"V"关闭即可，这样场景中只剩下骨骼，如图 12-25 所示。

图 12-25

（2）首先来设置脚踝部分。由于我们希望脚部的运动全部由反转脚来控制，因此需要为反转脚增加一项专门控制脚踝的属性。

选中反转脚根部骨骼，执行 Modify→Add Attribute（添加属性）命令，在对话框中设置 Long Name（属性名称）为 Ankle，Minimum（最小值）为 –10，Maximum（最大值）为 10，Default（默认值）为 0，单击"Add"按钮。这样，就能在该骨骼的属性栏中，看到多出一项名为 Ankle 的属性，且默认值为 0，如图 12-26 所示。

图 12-26

（3）这项新添加的 Ankle 属性目前没有任何作用，需要将它和其他骨骼的属性相连接，这里我们要接触到一个新的概念，即"Driven Key"（驱动关键帧），它的作用就是通过某一个属性数值的改变，来使另一个属性的数值也发生相应的变化。

先来设定 Ankle 属性控制脚踝向上旋转。这个动作实际上就是在 X 轴上旋转反转脚的根骨骼，这样，就需要 Ankle 属性对反转脚根骨骼的 Rotate X 属性进行驱动。

选中反转脚根骨骼 Joint68，执行 Animate→Set Driven Key→Set 命令，打开设置驱动关键帧的面板，分别单击 Load Driver（载入驱动物体）和 Load Driven（载入被驱动物体），将 Joint68 既作为驱动者，又是被驱动者。

先在 Driver 框中分别单击 Joint68 和 Ankle，再在 Driven 框中分别单击 Joint68 和 RotateX，再单击 Key 键，即准备设定 Joint68 的 Ankle 和 RotateX 两属性驱动关键帧，且两属性现在值均为 0，这样的设定使 Ankle 为 0 的时候，RotateX 也必须为 0。

再在 Driver 框中分别单击 Joint68 和 Ankle，在属性栏中设置 Ankle 值为 10；在 Driven 框中分别单击 Joint68 和 RotateX，在属性栏中设置 Rotate X 值为－20。这样，当调整 Ankle 值为 10 的时候，Rotate X 值将自动为－20，这时，脚部就会抬起来，如图 12-27 所示。

图 12-27

（4）现在来设定脚踝向下旋转，即脚尖踮起的动作。

将反转脚的脚尖骨骼 Joint69 选中，单击 Load Driven（载入被驱动物体），设定在 Driver 框中的 Ankle 为 0 的时候，Joint69 的 RotateX 属性也为 0；当 Ankle 为－5 的时候，RotateX 属性为 10。

再将反转脚脚面骨骼 Joint70 选中，并载入到被驱动物体栏，设定在 Ankle 为 0 的时候，Joint70 的 RotateX 属性也为 0；当 Ankle 为－10 的时候，RotateX 属性为 20。

这样，Ankle 值为 0～10 范围内的时候，脚踝向上旋转；值在－20～0 的时候，脚踝向下旋转，脚尖踮起，脚踝部分的设定就完成了，如图 12-28 所示。

图 12-28

（5）下面来设定膝关节。执行 Create→Locator 命令，将创建出来的 Locator 临时物体放置在膝关节的正前方，执行 Modify→Freeze Transformations 命令，将它的所有数值清零。

选中 Locator，按"Shift"键选中腿部的 IK 手柄，执行 Constrain（约束）→Pole Vector（极向量约束）命令，这时 IK 手柄的起始点和 Locator 之间出现一条连接线。现在选中 Locator 物体左右移动，会发现膝关节也跟着进行变化。再将 Locator 设置为反转脚的子物体，这样便于一起移动，如图 12-29 所示。

图 12-29

（6）这样腿部骨骼就装配完毕，在 Outline（大纲视图）中选中腿部骨骼、反转脚、IK 手柄、Locator，在 Duplicate Special 的命令设置面板中，勾选"Duplicate input graph"，将另一侧的腿部骨骼系统也复制出来，并移动到另一侧的腿部模型位置。

将两段腿部骨骼分别与身体骨骼连接，装配完毕，如图 12-30 所示。

图 12-30

（7）现在来设置腰部的骨骼。先建一条圆形曲线，放置在腰部位置，执行 Modify→Freeze Transformations 命令，将它的所有数值清零。我们将用它来控制腰部的旋转。

执行 Window→General Editors→Connection Editor（属性连接编辑器）命令，选中圆形曲线，单击 Connection Editor（属性连接编辑器）面板中的 Reload Left，这样它的所有属性都会在左侧面板中显示出来。再选中腰部的骨骼，单击 Reload Right，将骨骼的所有属性载入右侧面板。

分别在左右侧面板中找到 Rotate（旋转）属性并展开。分别单击左侧面板的 RotateX 和右侧面板的 RotateX，这样两个物体的 Rotate X（X 轴旋转）属性就连接在了一起。再分别单击左侧面板的 RotateZ 和右侧面板的 RotateZ，连接两物体的 Rotate Z（Z 轴旋转）属性。

这时选中圆形曲线，并旋转 X 轴和 Z 轴，会看到腰部骨骼跟着向左右、前后进行旋转，如图 12-31 所示。

图 12-31

（8）现在的旋转会发现腰部转的太直，没有任何的柔韧性。

依然打开 Connection Editor（属性连接编辑器），将圆形曲线载入左侧，再依次将腰部以上的肋部和胸部骨骼载入右侧，并分别将它们的 RotateX 和 RotateZ 属性和圆形曲线相连接。这样再旋转腰部的时候，会看到更具柔韧性，如图 12-32 所示。

图 12-32

（9）腰部骨骼除了弯腰的作用外，还应该能完成挺腹和收腹的动作。打开 Connection Editor（属性连接编辑器），将圆形曲线载入左侧，将腰部骨骼载入右侧，将它们的 TranslateX（X 轴位移）和 TranslateZ（Z 轴位移）两属性连接，这样，圆形曲线就可以控制腰部前后、左右的移动了，而前后的移动即可成为挺腹和收腹的动作，如图 12-33 所示。

（10）再创建一个圆形曲线，并移动到颈部的位置，执行 Modify→Freeze Transformations 命令，将它的所有数值清零，作为颈部的操纵器。

图 12-33

打开 Connection Editor（属性连接编辑器），将颈部操纵器，即圆形曲线载入左侧，颈部骨骼载入右侧，分别将它们的 TranslateX（X 轴位移）、TranslateZ（Z 轴位移）、RotateX（X 轴旋转）、RotateY（Y 轴旋转）、RotateZ（Z 轴旋转）相连接，使颈部控制器可以对颈部骨骼进行相应控制，如图 12-34 所示。

图 12-34

（11）继续创建圆形曲线，将它移动到下颚的位置，执行 Modify → Freeze Transformations 命令，将它的所有数值清零，作为下颚部分的控制器。并在 Connection Editor（属性连接编辑器）中，将它和下颚骨骼的 RotateX（X 轴旋转）、RotateY（Y 轴旋转）、RotateZ（Z 轴旋转）相连接。

这样，身体部分的控制器也基本创建完毕。为了使这三个控制器能够跟随骨骼移动，将它们设定为相对应骨骼的子物体，如果设定的时候骨骼发生形变，也可以将控制器作为旁边骨骼的子物体，如图 12-35 所示。

图 12-35

（12）现在来制作手臂部分的控制器。创建圆形曲线，移动到手臂根骨骼位置并旋转，将它的所有数值清零，作为上臂部分的控制器。

选中上臂骨骼，按"Ctrl＋G"组合键把它群组，再按"Insert"键，将组的中心点捕捉到上臂骨骼节点的位置。

打开 Connection Editor（属性连接编辑器），将圆形曲线载入左侧，骨骼群组载入右侧，并将它们的 TranslateY（Y 轴位移）相连接，使控制器可以控制肩部的上下移动，如图 12-36 所示。

图 12-36

（13）新创建一个圆形曲线，移动到手腕位置，并将数据清零，作为手腕的控制器，并设定为 IK 手柄的子物体。

选中手腕骨骼，按"Ctrl＋G"组合键把它群组，再按"Insert"键，将组的中心点捕捉到手腕骨骼节点的位置。

打开 Connection Editor（属性连接编辑器），将曲线控制器载入左侧，手腕骨骼群组载入右侧，并将它们的 RotateX（X 轴旋转）、RotateY（Y 轴旋转）、RotateZ（Z 轴旋转）相连接，使控制器能够控制手腕的旋转，如图 12-37 所示。

图 12-37

（14）下面我们来设定手指关节的旋转。由于 5 根手指的设定都是一样的，我们就以食指为例，其他 4 根手指依次设定就可以了。

依然是使用手腕控制器来设定，执行 Modify→Add Attribute（添加属性）命令，在对话框中设置 Long Name（属性名称）为 Finger_2，Minimum（最小值）为—5，Maximum（最大值）为 10，Default（默认值）为 0，单击"Add"按钮添加新属性，如图 12-38 所示。

（15）打开驱动关键帧的设置面板，将手腕控制器作为驱动物体载入，将中指的 3 个关节骨骼 Joint19、Joint20、Joint21 作为被驱动物体载入，设定在 Driver 框中的 Finger_2 为 0 的时候，其他 3 个被驱动骨骼的 Rotate Z 都为 0。

图 12-38

设定在 Driver 框中的 Finger_2 为−5 的时候，Joint19 的 Rotate Z 为 30，Joint20 的 Rotate Z 为 15，Joint21 的 Rotate Z 为 15。

设定在 Driver 框中的 Finger_2 为 10 的时候，其他 3 个被驱动骨骼的 Rotate Z 都为 −80。

在选择 Finger_2 属性进行调整的时候，会看到食指已经可以弯曲，如图 12-39 所示。

图 12-39

（16）按照这种方法，将其他 4 根手指也设定好，这样在蒙皮以后就可以制作手指攥拳和伸展的动作，如图 12-40 所示。

图 12-40

（17）这样，手臂部分的骨骼也基本装配好了，选中手臂的根骨骼，再选中身体相对应的骨骼节点，按 "P" 键，将手臂骨骼与身体骨骼连接在一起，如图 12-41 所示。

图 12-41

（18）选中手臂骨骼，打开 Skeleton→Mirror Joint 的命令设置面板，设置 Mirror across 为 YZ，Mirror function 为 Orientation，单击"Apply"按钮，将另外一侧骨骼镜像出来，如图 12-42 所示。

图 12-42

（19）将另外一侧骨骼也装配上控制器，并按照前面的实例进行设定，最后完成的骨骼系统如图 12-43 所示。

图 12-43

（20）现在对整体进行设置。选中身体的根骨骼和两个反转脚骨骼，然后移动，看看还有哪些控制器没有跟随移动，将这些控制器作为子物体，约束在它们附近的骨骼上。这样，我们就可以通过选择身体骨骼和反转角骨骼并进行移动，进行整体的移动了，如

图 12-44 所示。

（21）接下来要为整体的骨骼系统添加一些函数，以便后期调节走、跑、跳的动作。

打开 Outline（大纲视图），修改两个反转脚的名字分别为 Foot_L 和 Foot_R，选中身体根骨骼，使用"Ctrl＋G"组合键进行群组，重新命名这个组为 Main，如图 12-45 所示。

图 12-44

图 12-45

（22）执行 Window→Animation Editors→Expression Editor（函数编辑器）命令，在弹出的设置面板下方的 Expression 栏中，输入函数：

main.tx＝（Foot_L.tx＋Foot_R.tx）/2;

main.tz＝（Foot_L.tz＋Foot_R.tz）/2;

注意结尾的";"不要省略，这个函数的意思是：两个反向脚（Foot_L 和 Foot_R）的 X 轴向的位移（tx，即 Translate X）值的和，除以 2，等于身体骨骼（main）的 X 轴向的位移（tx，即 Translate X）值；tz 则是 Translate Z，即 Z 轴向的位移值。

单击"Create"按钮创建函数，如图 12-46 所示。

（23）创建函数以后，身体骨骼应该会向后倾，出现这种情况是正确的。使用移动工具，将它调整回来就可以了，如图 12-47 所示。

现在我们可以调整选中一个反转脚，进行前后、左右的移动，会看到身体也会跟着移动，这样，调整走路的时候，就只用调整反转脚的位置，而不用再去调整身体的位置了。

图 12-46

图 12-47

（24）现在还没有为手臂的 IK 手柄添加极向量约束，但是这一步最好留在绑定以后再做，这是因为一旦进行了极向量约束，手腕的骨骼会发生一些变化，从而导致手腕骨骼和模型的位置出现错误，如图 12-48 所示。

图 12-48

所以在骨骼与模型蒙皮以后，执行 Create→Locator 命令，将创建出来的 Locator 临时物体放置在手臂的后方，执行 Modify→Freeze Transformations 命令，将它的所有数值清零。

选中 Locator，按"Shift"键选中手腕的 IK 手柄，执行 Constrain（约束）→Pole Vector（极向量约束）命令。再以同样的方法制作出另一只手臂的极向量约束，如图 12-49 所示。

图 12-49

12.3 蒙皮和权重

先来大致解释一下这两个概念：

蒙皮：即模型和骨骼绑定的过程，实际上只需要执行一下命令即可，至于绑定效果的好坏，则由前期骨骼的架构和后期权重的调节来决定。

权重：实际上就是调整骨骼和模型绑定效果的过程，即调整每一段骨骼控制模型的范围。

在 Maya 中，蒙皮分为 Smooth Bind（光滑蒙皮）和 Rigid Bind（刚性蒙皮）两种，其相应的权重调整也各有不同。

Smooth Bind（光滑蒙皮）的优点是可以调节得非常细，可调性很强，能够做出很细致的效果，但缺点是调整起来很费时间。

Rigid Bind（刚性蒙皮）和 Smooth Bind（光滑蒙皮）正好相反，可调节性一般，但是调整速度很快。

两者各有优缺点，但是一般的专业动画公司都是采用 Smooth Bind（光滑蒙皮）来进行模型绑定。下面我们来具体地看一下它们的操作过程。

先来看看 Smooth Bind（光滑蒙皮）。

（1）选中模型，再按"Shift"键选中身体骨骼的根骨骼（选择的前后顺序不影响绑定效果），执行 Skin→Smooth Bind（光滑蒙皮）命令，这时骨骼会变得五颜六色。再来移动一下骨骼，会看到模型会跟着一起动，如图 12-50 所示。

图 12-50

（2）绑定是一个让人激动的过程，看着自己亲手做的角色动起来，是每一个动画人都兴奋的事情。但是在调整骨骼让模型运动的时候，会看到做某些动作的时候，模型的一些地方会出现撕扯现象，这就需要用权重来进行调整，如图 12-51 所示。

图 12-51

（3）选中模型，打开 Skin→Edit Smooth Bind（编辑光滑蒙皮）→Paint Skin Weights Tool（绘制蒙皮权重工具）的命令设置面板，其中 Radius 是画笔的半径值，Opacity 是画笔的强度值。

Transform 中是每节骨骼的名称，选中某节骨骼，模型上会显示该骨骼的控制范围，白色是被控制部分，黑色则是不被控制的部分。由于我们没有特意去对骨骼命名，所以看起来很乱，不能够直接找到相应部位的骨骼。这时就看出来骨骼命名的重要性了，因此，正规的动画公司对骨骼的命名都有专门的规定。

Paint Operation 中，Replace 是绘制不被选择范围，Add 是绘制被选择范围，Smooth 则是对选择边缘进行柔和处理，但是大家在调整的时候要注意下面的 Value 值，值为 0 则绘制出来的是黑色，值为 1 则为白色，如图 12-52 所示。

图 12-52

（4）我们以手臂部分的权重调节为例，将手臂放下来，会看到腋部出现较大的拉扯。打开绘制权重的命令设置面板，分别选中肩部和手臂根骨骼查看，发现这两节骨骼的控制范围都含有腋部，而这一块并不应该属于它们来控制，如图 12-53 所示。

图 12-53

（5）使用绘制权重工具，分别选择肩部和手臂根骨骼，将它们控制的腋部模型涂为黑色，这样，腋部的拉扯就解决了，如图 12-54 所示。

图 12-54

（6）调整完每一个骨骼以后，可以执行 Skin→Go to Bind Pose（返回绑定姿势）命令，将骨骼重新调整至刚刚绑定的姿势，然后再调整另一处骨骼权重。

在 Edit Smooth Bind（编辑光滑蒙皮）菜单中，Mirror Skin Weights（镜像蒙皮权重）是可以将模型的权重进行镜像的命令，这样就可以调整完一侧的权重，执行此命令，就可以把这一侧的权重镜像到另一侧去，但实际使用起来效果并不是太好，如果模型建得不标准，经常会出现一些问题，如图 12-55 所示。

图 12-55

另外一个 Smooth Skin Weights（光滑蒙皮权重）命令，可以将权重的边缘进行羽化处理，也较为常用。

实际上，Smooth Bind（光滑蒙皮）的权重绘制过程就是这样，一节节骨骼慢慢绘制出来，所以也有人形象地称这一过程为"体力活"，它所要掌握的命令不多，但是绘制起来较为占用时间。但是由于它可以调整得非常细致，所以基本上所有正规的动画公司都会选用 Smooth Bind（光滑蒙皮）来进行绑定。

接下来再看看 Rigid Bind（刚性蒙皮）：

（1）选中模型，再按"Shift"键选中身体骨骼的根骨骼，执行 Skin→Rigid Bind（刚性蒙皮）命令，再来调整一下模型，可以看到撕扯也很严重，如图 12-56 所示。

（2）Rigid Bind（刚性蒙皮）的权重调整工具，是在 Edit Deformers 菜单下的 Edit Membership Tool。执行此命令，在视图中单击任意一节骨骼，这节骨骼在模型上所控制的点就会以黄色高亮模式显示出来，如图 12-57 所示。

图 12-56

图 12-57

（3）Rigid Bind（刚性蒙皮）的权重调整很简单，按 Shift 键就是添加控制点，按 Ctrl 键就是取消选择控制点。

一般的调整都只用 Shift 键来将不需要的控制点添加给其他骨骼，Ctrl 键一般不要使用，因为控制点很多很乱，取消的点如果不分配给其他骨骼，这些控制点将不受任何骨骼的控制，一旦移动骨骼，这些点都会停在原地不动，如图 12-58 所示。

图 12-58

（4）执行 Edit Deformers→Edit Membership Tool 命令，选中胸部骨骼，按 Shift 键横向框选，将两侧的被手臂骨骼控制的点加入进来，再移动手臂，会看到撕扯已经没有了，如图 12-59 所示。

图 12-59

（5）由于刚性蒙皮只是控制模型的点，因此不能柔和控制区域的边缘，在转折的时候容易出现较大的撕扯现象。

选择关节部的骨骼，执行 Skin→Edit Rigid Bind（编辑刚性蒙皮）→Create Flexor（创建屈肌）命令，在弹出的命令面板中按 Create 键创建屈肌，再对模型进行调整，会看到关节部位的转折有所改善，如图 12-60 所示。

图 12-60

调整每一节骨骼的控制点，并在关节处创建屈肌，这样就可以完成对 Rigid Bind（刚性蒙皮）权重的调整工作。

Rigid Bind（刚性蒙皮）的调整只是对控制点进行设置，不像 Smooth Bind（光滑蒙皮）那样还要考虑控制范围的羽化，因此在权重上面工作量小了很多，但它调整出来的效果就不如 Smooth Bind（光滑蒙皮）那么细腻。

了解这两种蒙皮方式的特点以后，就可以针对不同的模型分别使用。

12.4　走路动画的调整

（1）制作走路动画之前，需要先将模型的眼珠、头发、牙齿等模型，以子物体的形式约束在头部的骨骼上，这样向前走的时候这些模型都会跟着移动，如图 12-61 所示。

图 12-61

（2）制作之前最好先将反转脚、身体根骨骼、IK 手柄等需要运动的部分的参数，即 X、Y、Z 轴向上的位移和旋转值，都改为小数点后 1 位的数值，这样在调整中严格按照数值来执行，便于制作循环动画。

调整走路动作依然是按照由大至小，由整体到局部的原则。在时间轴上拖动至第 1 帧的位置，首先来调整腿部的动画，先来调整一个反转脚的位置，使一只脚在前一只脚在后，做出走路的姿势，并为两只反转脚的 Translate Z 属性打上关键帧，注意，其他属性不要设定关键帧，如图 12-62 所示。

图 12-62

需要注意的是：最好严格按照数值来设定，例如反转脚是在 Z 轴上位移的，它刚才所处的位置 Z 轴数值为—2，现在所在的位置为 2，也就是一步移动了 4 个单位的距离，下面调另外一只脚的时候也要严格按照这个数值来操作。

（3）在现实生活中，一般情况下为半秒钟一步。将时间轴拖动到第 12 帧，让另外一只反转脚也在 Z 轴向上移动 8 个单位，并为两只反转脚的 Translate Z 属性都打上关键帧，完成第一步的制作，如图 12-63 所示。

图 12-63

（4）将时间轴拖动到第 24 帧，让另一侧的反转脚也在 Z 轴向上移动 8 个单位，并为两只反转脚的 Translate Z 属性都打上关键帧，完成第二步的制作，如图 12-64 所示。

图 12-64

（5）现在来设置手臂部分的动作。在第 1 帧的位置，分别选中两只手臂的 IK 手柄，调整为走路的姿势，并为它们的三个位移轴都打上关键帧，如图 12-65 所示。

图 12-65

（6）在时间轴上分别移动到第 12 帧和第 24 帧，并调整手臂的位置，如图 12-66 所示。

图 12-66

（7）播放走路动画会看到，人物的行走动作非常不协调，这是因为走路会有一个抬腿动作。分别将时间轴拖动到第 6 帧和第 18 帧，调整两只移动脚在 Y 轴上的位移，使人物有抬腿动作，并为 Translate Y 属性设置关键帧。

人物挥臂的动作也分别在这两个帧上进行调整，并设置关键帧，如图 12-67 所示。

图 12-67

现在播放一下，人物动画效果如图 12-68 所示。

图 12-68

（8）进入前视图，会看到两条腿间距有些大。将两只反转脚向中间移动一些，如图 12-67 所示。

图 12-69

（9）现在来设置脚腕的翻转，这个动作的驱动关键帧在前面的骨骼配置中已经添加了，在这里直接调节反转脚的参数即可。

先来调整左脚的效果，在脚抬起的时候使脚腕向下旋转，在脚即将落地的时候使脚腕向上旋转，如图 12-70 所示。

图 12-70

之后将另外一只脚也进行设定，并播放观察效果。

（10）进入前视图，现在要调整走路的重心。一般人走路的时候，身体的重心都是在靠近支撑腿的一侧，选中身体根骨骼，调整它在 X 轴向上的位置，如图 12-71 所示。

接下来还可以调整肩膀的高低，在人走路的时候，支撑腿一侧的肩膀要稍低一些。还有头部的转动，一般也偏向支撑腿的方向。再有手臂的弯曲等，设置的方法也都是设定关键帧，这里不再一一叙述。

图 12-71

本 章 小 结

骨骼系统的设定对于美术专业的学生而言是一件很困难的事情，毕竟这是一项对逻辑能力要求很高的工作。但是如果想做出优秀的角色动画，这一步是无论如何也跳不过去的，因此，除了耐心学习，没有其他的捷径可以走。

思 考 题

耐心地为自己的角色创建骨骼，并调整出各种流畅的动作。实际上动作想要调整得很流畅并不是一件容易的事情，大多数学生仅一个简单的走路动作都需要练习 1～3 个月，所以耐心是最重要的。

第13章　Mental Ray 渲染器

在几乎所有的英雄故事中，每一个强大的英雄都会有一件神兵利器，从而所向披靡，无往而不胜。

如果把整个三维动画软件业看成是一个庞大战场，而把 Maya 看成是这个战场中的一位英雄，那么 Maya 手中的这件神兵利器就是 Mental Ray 渲染器。

对于 Mental Ray，几乎每个 Maya 的资深制作人员都会毫不吝啬地把赞扬的话送给它，这个诞生于德国的渲染器最早是镶嵌在 SoftImage 软件中，Maya 在升级到 5.0 的时候将它也收入了进来，从此 Maya 进入了一个崭新的发展时代。

对于每一个从事三维行业的人员来说，制作出照片级别的作品始终是一个追求目标，而 Mental Ray 的强项就是真实模拟现实世界中的光影、质感等效果，如图 13-1、图 13-2 所示。

图 13-1　　　　　　　　　　　　　　　　　　　图 13-2

13.1　Mental Ray 渲染器简介

13.1.1　Mental Ray 的发展历史和特点

Mental Ray 是早期出现的两个重量级的渲染器之一（另外一个是 Renderman），为德国 Mental Images 公司的产品。在刚推出的时候，集成在著名的 3D 动画软件 Softimage-3D 中，作为其内置的渲染引擎。正是凭借着 Mental Ray 高效的速度和质量，Softimage-3D 一直在好莱坞电影制作中被作为首选软件。

相对于另外一个高质量的渲染器 Renderman 来说，Mental Ray 的渲染效果几乎不相上下，而且其操作比 Renderman 简单得多，效率非常高。因为 Renderman 渲染系统需要使用编程的技术来渲染场景，而 Mental Ray 只需要在程序中设定好参数，然后"智能"地对需要渲染的场景自动计算，所以 Mental Ray 有了一个别名——"智能"渲染器。

利用这一渲染器，我们可以实现反射、折射、焦散、全局光照明等其他渲染器很难实现的效果。全动画科教节目《与恐龙同行》就是用 Mental Ray 渲染的，它逼真地再现了那些神话般的远古生物。

Mental Ray 的全局照明效果非常优秀，即使在一个场景里面，只打一盏灯光，也可以渲染出极为柔和的光线效果，如图 13-3、图 13-4、图 13-5 所示。

图 13-3

图 13-4

图 13-5

到目前为止，Mental Ray 发展非常成熟，它为许多电影成功实现了视觉特效，其庞大的用户群体和广泛的技术支持，是远非 Final Render 和 Barzil 这一类渲染新贵可比。近几年推出的几部特效大片，《绿巨人》，《终结者 2》，《黑客帝国 2》等都可以看到它的影子。

Mental Ray 的光线追踪算法优化得非常好。即使不使用它的新功能也可以用来代替 Maya 默认的渲染器。在渲染大量反射、折射物体的场景，速度要比默认渲染器快 30%。它在置换贴图和运动模糊的运算速度上也远远快于默认渲染器，而这些恰恰是 Maya 的软肋。

Mental Ray 适合表现金属、玻璃等折射很强的效果，另外对人物皮肤的 3S 效果的表现也很强大，如图 13-6、图 13-7 所示。

图 13-6

图 13-7

除了这些，在一些 Q 版形象和道具中的表现也同样优秀，如图 13-8、图 13-9 所示。

图 13-8   图 13-9

13.1.2　Mental Ray 和 Maya

Maya 升级到 5.0 的时候，渲染器由原来的 Software 和 Hardware 两种，升级到了 Mental Ray 和矢量渲染器 Vector。使用 Mental Ray 渲染器的时候需要将 Render Settings（渲染设置）面板打开，在最上面的 Render Using 中选择 Mental Ray 渲染器，并进入 Mental Ray 渲染器的设置面板进行调整，如图 13-10 所示。

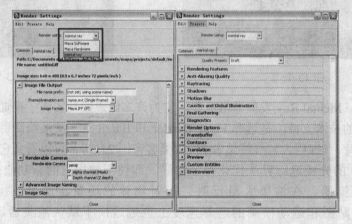

图 13-10

如果渲染设置面板中找不到 Mental Ray 渲染器，可以执行 Window → Settings/Preferences → Plug-in Manager（插件管理器）命令，勾选 Mayatomr.mll 后面的 Loaded 和 Auto load 即可，如图 13-11 所示。

图 13-11

除此之外，在 Hypershade 窗口中，还有专门的 Mental Ray 材质可以直接使用，如图 13-12 所示。

图 13-12

另外，在每一个模型、灯光、材质的属性设置面板中，都有 Mental Ray 的设置项，便于对每一个物体进行调整，这些设置也使 Mental Ray 能够经过简单的设置，就可以渲染出照片级别的效果，如图 13-13 所示。

图 13-13

接下来我们将对 Mental Ray 渲染器的各种优秀效果进行阐述。

13.2　无灯照明技术

所谓无灯照明并不是绝对意义上的没有任何灯光，它是指不用对灯光进行过多的调整，只对渲染器进行设置就可以做出非常优秀的光照效果。但有时候也可以完全不用灯光来照明，就可以制作出很柔和的光线。

13.2.1　素模照明技术实例——马的照明

所谓素模，就是没有添加任何材质的纯粹的模型。很多人在制作完模型后就很急切地想和别人分享，但直接渲染出来的效果不是很好，因此就靠灯光把模型渲染得更加好看一些。

Maya 升级以后，Mental Ray 也随之升级，并添加了一个素模照明效果，而且非常简单。

（1）打开教学资源（可到华信教育资源网下载，网址见前言）中的 13-2-horse.mb 文件，场景中只有一匹马的模型及模型下面的底座，直接渲染出来的效果很一般，如图 13-14 所示。

（2）打开渲染设置面板，选择 Mental Ray 渲染器，单击渲染，发现 Mental Ray 渲染出来的效果并没有什么改善，如图 13-15 所示。

（3）进入到 Mental Ray 的渲染设置面板，展开最下方的 Environment 卷轴栏，单击 Physical Sun and Sky 后面的"Create"按钮，再执行渲染，会发现素模的效果已经出来了，如图 13-16 所示。

图 13-14

图 13-15

图 13-16

（4）如果希望再进行一些细致调整，可以展开 Physical Sun and Sky 后面的小三角按钮，进入到它的照明设置面板中进行设置。并单击 Sun 属性后面的小三角按钮即可对照明的颜色进行调整，如图 13-17 所示。

图 13-17

（5）我们再来看另外一种制作素模的方法。依然是在 Mental Ray 的渲染设置面板，单击 Physical Sun and Sky 后面的"Delete"按钮关闭它的照明，再单击它上面的 Image Based Lighting 后面的"Create"按钮，场景中出现了一个巨大的球体，包裹住了模型，但渲染会发现并没有任何改变，如图 13-18 所示。

图 13-18

（6）单击 Image Based Lighting 后面的小三角按钮，进入到它的属性面板，单击 Image Name 后面的文件夹按钮，将教学资源（可到华信教育资源网下载，网址见前言）中的 star1025.jpg 图片指定给它，渲染看到模型稍稍变亮，且背景图也换成刚才的贴图，但是没有阴影，效果也很一般，如图 13-19 所示。

（7）展开 Light Emission 卷轴栏，勾选 Emit Light 项，再次进行渲染，这次会渲染得非常慢，但最终效果着实惊人，在场景中没有任何灯光的情况下，居然使模型呈现出逆光的效果，而且还出现了阴影，如图 13-20 所示。

图 13-19

图 13-20

这就是依靠图片来进行打光，并最终渲染的最基本流程。

13.2.2 HDRI 照明技术实例——小球的照明

高等动态范围图像（简称 HDRI）照明技术在刚刚推出的时候，曾被誉为三维业内的又一场照明革命的新技术。

标准的颜色范围为 0～255（或 0～1），现在，HDRI 提供了超过这个数值范围的更宽的颜色值。举例来说，一种颜色定义如 RGB＝0.7，0.2，34.34，它会显示为纯白色，但真正的颜色是"极强的"蓝色。普通的渲染只能表现出白色，而不是蓝色。

现在我们来看一下如何利用这种技术进行无灯照明，如图 13-21 所示。

图 13-21

（1）现在先来打开教学资源（可到华信教育资源网下载，网址见前言）提供的 13-2-HDRI.mb 文件，里面是一个平面上放了两个球体，一个圆环体。并且这些都被一个大的球体包裹着。里面还有一台摄像机，已经摆好了位置。平面上的那三个物体都已经被赋予了相应的材质，且三个材质都是 Blinn 材质，如图 13-22 所示。

图 13-22

（2）这个时候在 Hypershade 窗口中选中 Lambert2 材质，这是外面包裹着场景的大球体的材质。现在要把 HDRI 指定给它，让它对整个场景进行照明。

在 Hypershade 窗口中双击 Lambert2 材质，打开它的属性设置面板，为它的 Ambient Color（环境颜色）赋予一个 File 贴图类型，将教学资源（可到华信教育资源网下载，网址见前言）中的 uffizi_probe.hdr 文件指定给 File 贴图类型，如图 13-23 所示。

（3）在场景中随意创建一盏灯光，并在它的属性设置面板中将其 Intensity（灯光强度）值调节为 0，即不发出任何光线。这样，如果现在对整个场景进行渲染，会发现出来的根本就没有图像，这是因为场景中的灯光根本就没有起到照明的作用。而之所以这么设置都是为了使 Maya 中的默认灯光失效，以便使用 HDRI 文件对场景进行照明，如图 13-24 所示。

图 13-23

图 13-24

（4）打开全局渲染设置面板，并切换到 Mental Ray 渲染器，在 Quality 的下拉菜单中，切换到 PreviewFinalGather 项，并打开下面的 Final Gather 卷轴栏，确定 Final Gather 前面的小方框已经被勾选。

现在对场景进行渲染，会看到场景中的那些几何体的形体是有了，但整个场景显得太暗，这是由于 HDRI 文件的一些参数没有调节造成的，如图 13-25 所示。

图 13-25

（5）现在来调节一下 HDRI 文件的照明强度。进入到 Lambert2 的 File 节点的属性设置面板中，即 HDRI 的属性设置面板，将它的 Color Gain 的调色板的 V 项值调节为 4.6，这时可以再来对场景进行渲染，发现整个场景都被提亮了。在这里这个 Color Gain 的 V 项值可以对 HDRI 的照明强度进行控制，如图 13-26 所示。

（6）现在这个 HDRI 照明是一个逆光的方向，如果想要对 HDRI 的照明方向进行一些调整，可以进入到 File 节点的坐标节点中，即 place2dTexture1 节点中，对 Rotate Frame 的值进行一些调整，在这个场景中调节的数值为 90，这样就可以使 HDRI 进行一个 90° 的旋转。其实这个原理就在于：HDRI 是根据自身图像上的亮度来进行照明，旋转一下，使它上面亮度高的部分转移一个位置。其实这也可以通过旋转外面的那个大球体来实现。再来渲染，发现光源的位置变了，如图 13-27 所示。

图 13-26

图 13-27

（7）现在的渲染效果上还有很多不尽如人意的地方，最大的缺陷就是画面中的光影是一块一块的斑驳，而缺少平滑。这是参数调节得过低的缘故。

在全局渲染的设置面板中，打开 Anti-Aliasing Quality 卷轴栏，将里面 Raytrace/ScanLine Quality 下的 Max Samples Level 值调节为 1，这时可以再来对场景进行渲染，会发现平滑多了，如图 13-28 所示。

渲染出来的效果如图 13-29 所示，旁边是另外一张 HDRI 文件渲染的效果。

可以看出：不同的 HDRI 可以提供不同的照明效果，如果希望把自己喜欢的图片作为 HDRI，可以在网上搜索一下 HDR Shop 这个软件，并通过官方渠道进行购买，即可进行格式的转换。

调整完的源文件是教学资源（可到华信教育资源网下载，网址见前言）中的 13-2-HDRI-ok.mb 文件，需要查看的读者可以直接使用 Maya 来打开进行参考。

图 13-28

图 13-29

13.3 焦散效果实例——玻璃马

所谓焦散就是指物体被灯光照射以后，使光线反射或折射，并投影出极亮的影像，如图 13-30 所示。

图 13-30

这种现象一般出现在透明物体和金属物体上，Maya 自身是无法模拟真实物理折射来实现这一现象的，而 Mental Ray 则有一套专门制作这种现象的参数。

13.3.1 模型整理

由于现在国内使用 3DS Max 和 Maya 的人都很多，因此不少初学者都要面临一个 3DS Max 文件如何转成 Maya 文件的问题，现在就借助这个实例来加以说明。

（1）使用 3DS Max 软件打开教学资源（可到华信教育资源网下载，网址见前言）提供的 Horse.max 文件，场景中有一匹马的模型，另外还有 5 盏灯光，如图 13-31 所示。

图 13-31

（2）执行 3DS Max 软件的 File→Export（导出）命令，在弹出的对话框中选择保存类型为 Wavefront Objects（＊.OBJ），即 OBJ 格式，单击"保存"按钮，会弹出 OBJ Exporter（OBJ 格式导出设定）窗口，设定 Faces 为 Polygons，单击"OK"按钮，如图 13-32 所示。

图 13-32

（3）打开 Maya，执行 File→Import（导入）命令，将刚才保存的 OBJ 文件导入，但导入后却在场景中什么也看不到，这是模型过大的问题。

打开大纲视图，选中里面的 horse:null_模型，这就是导入进来的马的模型，在右侧的通道栏中修改 Scale X、Y、Z 轴数值均为 0.001，会看到模型已经出现在场景中心了，如图 13-33 所示。

图 13-33

（4）新建一个 polygon 立方体，作为马模型的底座，并添加导角效果。新建一个 Plane，作为地面，并在外面罩一个巨大的球体，如图 13-34 所示。

图 13-34

（5）将马模型与底座模型群组，并使用旋转工具，将它们放倒在地面上，如图 13-35 所示。

图 13-35

13.3.2 场景布置

（1）将摄像机调整好位置，为了避免不小心动了摄像机使角度改变，可以在第 1 帧处为摄像机打上关键帧。

将马和底座模型指定一个前面所学过的玻璃材质，如图 13-36 所示。

图 13-36

（2）创建一盏 Area Light，并调整到图中的角度，由于希望焦散的范围大一些，因此最好灯光与地面的夹角小一些，如图 13-37 所示。

图 13-37

（3）由于 Area Light 灯光自身的特性，因此需要先调整 Intensity（灯光强度）为 300，并勾选 Use Depth Map Shadows（使用深度贴图阴影），调整 Resolution（阴影分辨率）为 1024，Filter Size 为 4，使阴影边缘模糊一些，渲染如图 13-38 所示。

图 13-38

（4）创建一个 Lambert 材质球，将它的 Ambient Color 属性设置为纯白色，并为它的 Color 属性指定教学资源（可到华信教育资源网下载，网址见前言）中的 room.jpg 贴图，将 Lambert 材质指定给最外面的球体，使玻璃产生反光，渲染如图 13-39 所示。

图 13-39

（5）再创建一个 Lambert 材质球，为它的 Color 属性指定一个 Checker 贴图，并在它的贴图坐标设置面板中设置 Repeat UV 值均为 20，渲染如图 13-40 所示。

图 13-40

13.3.3　制作焦散效果

（1）打开渲染设置面板，在 Render Using 中选择 Mental Ray 渲染器，并进入 Mental Ray 的设置面板，设置 Quality Presets 为 Preview: Caustics（预览：焦散），渲染后会看到，阴影散得很开，光线也比先前更加柔和，真实程度大大提高了，但焦散效果却没有出现，如图 13-41 所示。

图 13-41

（2）由于焦散效果要和场景中的主灯光相配合，因此还要对灯光进行 Mental Ray 的相关设定。

选中场景中的那盏 Area Light 灯光，打开属性面板，展开 Mental Ray 卷轴栏，在 Caustic and Global Illumination 卷轴栏下勾选 Emit Photons，但渲染发现依然没有任何变化，如图 13-41 所示。

（3）在 Area Light 灯光的属性面板中，调整 Caustic and Global Illumination 卷轴栏下的 Exponent 为 1.4，这个参数是调整焦散效果的强度，数值越小强度越强，渲染发现，焦散效果已经出现了，如图 13-43 所示。

图 13-42

图 13-43

（4）实际上现在的焦散效果已经比较优秀了，但费了好大力气，这么一点点的焦散效果不仔细看还看不出来，我们希望焦散的面积大一些。

还是进入 Area Light 灯光的属性面板，打开 Mental Ray 卷轴栏下的 Area Light 卷轴栏，勾选 Use Light Shape，使用整个灯光的形状来照明，渲染发现整个画面完全曝掉了，如图 13-44 所示。

图 13-44

（5）现在将 Area Light 灯光的 Intensity（强度）降低一半，设置为 140，再将 Decay Rate（灯光衰减）设置为（Linear）线性衰减，再渲染会看到画面整体被提亮了，而且焦散效果面积扩大了，也更亮了，整个玻璃也变得清澈了很多，如图 13-45 所示。

图 13-45

（6）现在依然觉得焦散效果不够强烈，在 Area Light 灯光的 Caustic and Global Illumination 卷轴栏下，调整 Photon Intensity（光子强度）由原来的 8000 提高为 12000，再渲染会看到效果更加强烈，这种强烈和调整 Exponent 属性是不同的，Exponent 属性会整体变亮，而调整 Photon Intensity（光子强度）可以使焦散效果由中心向外变强烈，如图 13-46 所示。

图 13-46

实际上我们在调整焦散参数的时候，经常会看到一个单词"Photon"，这个单词的意思是光子，是 Mental Ray 进行真实光线计算的一个基本单位。

现在可以打开 Mnetal Ray 的设置面板，打开 Caustics and Global Illumination 卷轴栏下的 Caustics Options 卷轴栏，设定 Radius 为 0.12，这个参数是光子的半径，默认值为 0，即 Maya 根据实际情况进行调整，现在我们强制让它的半径仅为 0.12，渲染可以看到地面上一个一个的光子，Mental Ray 就是通过对光子的计算来得到真实的光线效果的。

回到 Area Light 的面板，也是在 Caustic and Global Illumination 卷轴栏下，看到 Caustic Photons 为 10000，这就是说场景中目前有 10000 个光子参与计算，如图 13-47 所示。

图 13-47

（7）将 Radius（光子半径）改回 0，现在我们要把场景中的光子数量增加，以得到更加细腻的效果。

在 Area Light 面板的 Caustic and Global Illumination 卷轴栏下，修改 Caustic Photons 为 80000，整整提高 7 倍，渲染如图 13-48 所示。

（8）现在的焦散效果已经很丰富了，只是画面的颗粒感太重，这是由于我们设定的 Mental Ray 的渲染级别是 Preview: Caustics（预览：焦散），预览的效果肯定会比较差，但是调整阶段还是渲染速度是最重要的。

图 13-48

回到 Mental Ray 的面板，打开 Anti-Aliasing Quality 卷轴栏，将 Raytrace/ScanLine Quality 下的 Max Samples Level 值调节为 3，这样 Mental Ray 会对图像中的每一个像素进行 4～64 次采样，已经足够细腻了，再设定一下最终渲染的图像大小，单击渲染就可以了，如图 13-49 所示。

渲染完以后可以在 Photoshop 软件中调整一下色调和曲线，并锐化一下，最终完成的文件是教学资源（可到华信教育资源网下载，网址见前言）中的 13-3-horse-ok.mb 文件，渲染效果如图 13-50 所示。

图 13-49

图 13-50

13.4 Mental Ray 综合实例——雕塑室

接下来要完成一个综合的完整实例，包括 Maya 前期的材质、Maya 自身灯光与 Mental Ray 的无灯照明相配合，还有 Mental Ray 的景深效果，如图 13-51 所示。

图 13-51

13.4.1 Maya 部分的调整

（1）打开教学资源（可到华信教育资源网下载，网址见前言）中提供的 13-4-life.mb 文件，这是一个简单的场景，没有灯光，下面要对这个场景进行材质和灯光部分的工作，如图 13-52 所示。

（2）新建一个 Lambert 材质，调整 Color 属性为土黄色，Diffuse 为 0.75，并为 Bump Mapping 制定一个 Cloud 贴图，调整 Bump Depth（凹凸深度）为 0.5。将调整好的 Lambert 材质指定给场景中的人头模型，如图 13-53 所示。

图 13-52

图 13-53

（3）再新建一个 Lambert 材质，将教学资源（可到华信教育资源网下载，网址见前言）中的 wall.jpg 图片指定给它的 Color 属性，并在图片的坐标面板中调整它的 Repeat UV 值都为 3。

再调整这个 Lambert 材质的 Diffuse 属性为 1，将它指定给场景中的两面墙壁模型，如图 13-54 所示。

图 13-54

（4）继续新建一个 Lambert 材质，将教学资源（可到华信教育资源网下载，网址见前言）中的 OLDWOOD.JPG 图片指定给它的 Color 属性，并在图片的坐标面板中调整它的 Repeat UV 值都为 4 和 2。

再调整这个 Lambert 材质的 Diffuse 属性为 1，将它指定给场景中的桌子和窗户，如图 13-55 所示。

图 13-55

（5）使用 Photoshop 软件打开 OLDWOOD.JPG 图片，执行图像→调整→去色命令，将它变成黑白色调，然后再执行图像→调整→曲线命令，将图片变得极亮，并保存为 OLDWOOD-bump.jpg，我们将用它来作为桌子材质的 Bump 贴图，如图 13-56 所示。

图 13-56

（6）打开木头 Lambert 材质的属性面板，将刚才调整好的 OLDWOOD-bump.jpg 图片指定给 Bump Mapping（凹凸贴图）属性，在图片的坐标面板中调整它的 Repeat UV 值也都为 4 和 2，设置 Lambert 材质的 Bump Depth（凹凸深度）为 0.5，如图 13-57 所示。

图 13-57

（7）继续新建一个 Lambert 材质，将教学资源（可到华信教育资源网下载，网址见前言）中的 STUCCO8.JPG 图片指定给它的 Color 属性，将这个材质指定给地面。

再调整出一个玻璃材质，将它指定给窗户的玻璃模型，直接渲染会看到现在效果很差，如图 13-58 所示。

（8）创建一盏 Point Light（点光源），放置在窗户外侧，由于后面会添加 Mental Ray 的照明，因此它的 Intensity（灯光强度）先设置为 0.2，Color 设置为浅蓝色。

图 13-58

添加 Light Fog（灯光雾）效果，使灯光雾对着第一个头部模型的方向，设置灯光雾的 Color 为浅黄色，Intensity（强度）为 0.8。

打开灯光的深度贴图阴影，并设置 Resolution（分辨率）为 1024，Filter Size 为 5，Fog Shadow Intensity（灯光雾阴影强度）为 5，Fog Shadow Sample 为 100，使灯光雾的阴影强烈一些，如图 13-59 所示。

图 13-59

（9）创建一盏 Ambient Light 灯光，将它的 Color 设置为浅黄色，Intensity 设置为 0.12，如图 13-60 所示。

图 13-60

（10）使用前面讲过的方法，即创建曲线，再将 Visor 窗口中的植物笔刷与曲线连接的方法，为模型的头顶创建一些草，调整草的材质 Diffuse 属性为 1.0，并在 Color 属性中，将 Ramp 的两个颜色分别调亮一些，如图 13-61 所示。

图 13-61

13.4.2 使用 Mental Ray 进行照明

（1）新建一个球体，使用放缩工具放大，将整个场景包裹在里面。

我们准备使用前面学过的 HDRI 照明的方法来照亮场景。新建一个 Lambert 材质，展开 Ambient Color 后面的贴图钮，将教学资源（可到华信教育资源网下载，网址见前言）中的 uffizi_probe.hdr 文件指定给它，如图 13-62 所示。

图 13-62

（2）打开渲染设置面板，将渲染器改为 Mental Ray，将 Quality Presets 设置为 Preview: Final Gather，单击渲染会看到整个场景都已经被照亮了，如图 13-63 所示。

（3）现在场景中的光感不是很强，进入 uffizi_probe.hdr 的 File 节点中，展开 Color Balance 卷轴栏，将 Color Gain 颜色中的 V 值由 1 设置为 1.5，再渲染会看到场景亮多了，如图 13-64 所示。

图 13-63

图 13-64

13.4.3　使用 Mental Ray 制作景深

前面学过 Maya 自身制作景深的流程，现在来看一下 Mental Ray 制作景深的方法。

（1）执行视图菜单的 View→Select Camera（选择摄像机）命令，并按"Ctrl＋A"组合键进入摄像机的属性面板，打开 Mental Ray 卷轴栏，单击 Lens Shader 后的贴图钮，然后选择 Mental Ray 面板下的 Physical_lens_dof 节点，在这个节点的属性面板中有两个参数，Plane 是控制景深距离的，Radius 是控制模糊强度的，如图 13-65 所示。

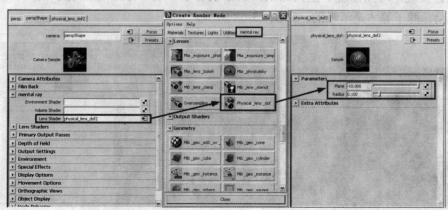

图 13-65

（2）现在我们希望将聚焦点设置在第一个头部模型的脸部，执行 Display→Heads Up Display→Object Details 命令，使视图的右上方出现场景的各种信息，如图 13-66 所示。

图 13-66

（3）选中头部模型，在右上角的信息栏中，Distance From Camera 的数值为 6.993，这是选中的物体与摄像机的距离值，如图 13-67 所示。

图 13-67

（4）进入摄像机的 Physical_lens_dof 节点设置面板中，在 Plane 栏中输入刚才测试的头部模型与摄像机的距离值，但要在前面加一个 "—" 号，即—6.993。在 Radius（模糊强度）栏中输入 0.1。

渲染会发现，对焦出现了重大错误，脸部的鼻子、嘴和眼睛都出现了模糊，而稍远一点点的耳朵、脖子等才是清晰的，如图 13-68 所示。

图 13-68

这种情况是由于测焦不准造成的，新建一个球体，要求非常小，放置在角色的鼻子上，选中这个球体，观察现在的 Distance From Camera 的数值 5.769，这个才是准确的摄像机与鼻子的距离，测量完毕将新建的这个球体删除，如图 13-68 所示。

（5）重新设定进入摄像机的 Physical_lens_dof 节点设置面板中，在 Plane 栏中输入−5.769。Radius（模糊强度）栏中依然是 0.1。打开渲染设置面板，调整 Max Sample Level 值为 3，调高渲染尺寸，进行最终渲染，如图 13-70 所示。

图 13-69

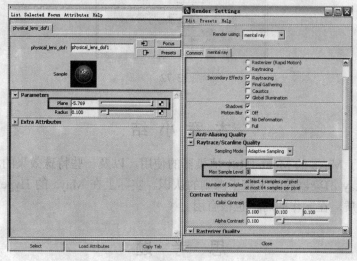

图 13-70

最终完成的文件是教学资源（可到华信教育资源网下载，网址见前言）中的 13-4-life-ok.mb，渲染效果如图 13-71 所示。

图 13-71

在最终的渲染中，Final Gather 可以对静帧渲染出很好的效果，但是一旦渲染动画，会造成难以控制的画面闪烁现象。这是由于 Final Gather 在计算每一帧的时候，光子都是随机发射的，因此一旦连贯起来播放就会出现闪烁。

如果渲染动画，需要在 Mental Ray 的设置面板中，将 Final Gather 的 Rebuild（重建）设置为 Off，即关闭状态，并在 Final Gather File 栏中输入一个名字，使计算结果保存起来，这样就不会在每一帧都重新计算了，如图 13-72 所示。

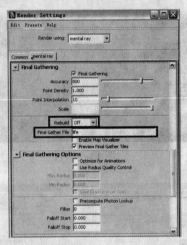

图 13-72

本 章 小 结

这一章学习了 Maya 的 Mental Ray 渲染器的使用，以及一些特殊效果的渲染方式，大家应该对 Mental Ray 渲染器的强大有了深刻的认识。实际上在 Maya 的 Hypershade 中也有很多 Mental Ray 材质，在制作的时候也很有用。

思 考 题

将以前制作的场景使用 Mental Ray 渲染器进行重新设置，加入本章所学习到的一些特效，达到照片级别的效果。

附录 Maya 快捷键功能解释

动画快捷键

s　设置关键帧

i　插入关键帧模式（动画曲线编辑）

Shift+E　存储旋转通道的关键帧

Shift+R　存储缩放通道的关键帧

Shift+W　存储转换通道的关键帧

操纵杆操作

t　显示操纵杆工具

=　增大操作杆显示尺寸

−　减少操作杆显示尺寸

快捷菜单显示

空格键　弹出快捷菜单（按下）

空格键　弹出快捷菜单（释放）

Alt+m　快捷菜单显示类型（恢复初
　　　　始类型）

混合操作

]　重做视图的改变

[　撤销视图的改变

Alt+s　旋转手柄的附着状态

菜单模式选择

Ctrl+m　显示（关闭）+主菜单

鼠标右键+h　转换菜单栏（标记菜单）

F2　显示动画菜单

F3　显示建模菜单

F4　显示动力学菜单

F5　显示渲染菜单

吸附操作

c　吸附到曲线（按下/释放）

x　吸附到网格（按下/释放）

v　吸附到点（按下/释放）

移动被选对象

Alt+↑　向上移动一个像素

Alt+↓　向下移动一个像素

Alt+←　向左移动一个像素

Alt+→　向右移动一个像素

'　设置键盘的中心集中于命令行

Alt+'　设置键盘的中心于数字输入行

（显示/隐藏）对象

Ctrl+h　隐藏所选对象

Ctrl/Shift+H　显示上一次隐藏的对象

三键鼠标操作

Alt+左键　旋转视图

Alt+中键　移动视图

Alt+右键　缩放视图

Alt+Ctrl+右键　框选放大视图

Alt+Ctrl+中键　框选缩小视图

选择物体成分

F8　切换物体/成分编辑模式

F9　选择多边形顶点

F10　选择多边形边

F11　选择多边形面

F12　选择多边形 UVs

Ctrl+I　选择下一个中间躯体

Ctrl+F9　选择多边形的顶点和面

文件管理

Ctrl+N　建立新的场景

Ctrl+O　打开场景

Ctrl+S　存储场景

Ctrl+1　桌面文件管理（IPX 版本专有）

工具操作

Enter　完成当前操作

Insert　插入工具编辑模式

w　移动工具

e　旋转工具

r　缩放工具

y　固定排布工具

Shift+Q　选择工具切换到成分图标菜单

Alt+q　选择工具切换到多边形选择图
　　　　标菜单

q　选择工具切换到成分图标菜单

显示设置

鼠标左键+4　网格显示模式

鼠标左键+5　实体显示模式

鼠标左键+6　实体材质显示模式

鼠标左键+7　灯光显示模式

鼠标左键+d　设置显示质量（弹出式
　　　　　　标记菜单）

鼠标左键+1　低质量模式

鼠标左键+2　中等质量显示模式

鼠标左键+3　高等质量显示模式

雕刻笔设置

Alt+f　扩张当前值

Alt+r　激活双重作用（开启/关闭）

Alt+a　显示激活的线框（开启/关闭）

Alt+c　色彩反馈（开启/关闭）

鼠标左键+u　切换雕刻笔作用方式
　　　　　　（弹出式标记菜单）

鼠标左键+o　修改雕刻笔参考值

鼠标左键+b　修改笔触影响力范围
　　　　　　（按下/释放）

鼠标左键+m　调整最大偏移量（按下/
　　　　　　释放）

鼠标左键+/　拾取色彩模式，用于绘制
　　　　　　成员资格、绘制权重、属
　　　　　　性绘制、绘制每个顶点色
　　　　　　彩工具

鼠标左键+,　　选择丛（按下/释放）用
　　　　　　于绘制权重工具

窗口和视图设置

Ctrl+a　弹出属性编辑窗/显示通道栏

a　满屏显示所有物件

f　满屏显示被选目标

Shift+F　在所有视图满屏显示被选目标

Shift+a　在所有视图满屏显示所有对象

空格键　快速切换单一视图和多视图模式

编辑操作

z　取消（刚才的操作）

Shift+z　重做（刚才的操作）

Shift+g　重复（刚才的操作）

Shift+G　重复鼠标位置的命令

Ctrl+d　复制

Shift+D　复制被选对象的转换

Ctrl+g　组成群组

Ctrl+p　指定父子关系

Shift+P　取消被选物体的父子关系

播放控制

Alt+.　时间轴上前进一帧

Alt+,　时间轴上后退一帧

.　前进到下一关键帧

,　后退到下一关键帧

Alt+v　播放按钮（打开/关闭）

Alt/Shift+v　回到最小帧

k　激活模拟时间模块

翻越层级

↑　进到当前层级的上一层级

↓　退到当前层级的上一层级

←　进到当前层级的左侧层级

→　进到当前层级的右侧层级

《Maya 动画制作案例教程》读者意见反馈表

尊敬的读者：

感谢您购买本书。为了能为您提供更优秀的教材，请您抽出宝贵的时间，将您的意见以下表的方式（可从 http://edu.phei.com.cn 下载本调查表）及时告知我们，以改进我们的服务。对采用您的意见进行修订的教材，我们将在该书的前言中进行说明并赠送您样书。

姓名：_____　　电话：_____

职业：_____　　E-mail：_____

邮编：_____　　通信地址：_____

1. 您对本书的总体看法是：

　　□很满意　　□比较满意　　□尚可　　□不太满意　　□不满意

2. 您对本书的结构（章节）：□满意　□不满意　改进意见_____

_____

3. 您对本书的例题　□满意　□不满意　改进意见_____

_____

4. 您对本书的习题　□满意　□不满意　改进意见_____

_____

5. 您对本书的实训　□满意　□不满意　改进意见_____

_____

6. 您对本书其他的改进意见：

_____

_____

_____

7. 您感兴趣或希望增加的教材选题是：

_____

_____

_____

请寄：100036　北京万寿路 173 信箱高等职业教育事业部　刘菊收

电话：010-88254563　　E-mail:baiyu@phei.com.cn